Spring Boot+Spring Cloud 微服务开发

迟殿委 著

清华大学出版社
北京

内 容 简 介

Spring Cloud 作为微服务开发的优秀代表,它的全家桶中的各组件解决了软件架构中的一些关键问题,Spring 框架在企业开发中的广泛应用,使得开发工程师和架构师纷纷转向 Spring Cloud 微服务架构开发,Spring Cloud 正被越来越多的企业用于生产环境中。

本书分为 15 章。第 1~2 章主要讲解 Spring Boot 基础开发技术,对微服务和 Spring Cloud 的概念、优劣势、功能模块等做整体性的介绍,并演示基于 IDEA 开发环境如何从零开始进行 Spring Cloud 微服务的应用开发。第 3~14 章主要讲解 Spring Cloud 在分布式应用的核心场景中涉及的解决方案,即 Spring Cloud 框架的常用组件,包括服务调用、治理、客户端负载均衡、调用链追踪、分布式配置、断路器及路由和网关等实现框架,是微服务开发实践的核心内容。第 15 章是微服务项目综合实战,将 Spring Cloud 全家桶中的常用组件及 Spring Boot 开发中的重要技术点贯穿起来,形成一个完整的综合案例,阐述了各章节介绍的知识模块在实际项目中的应用和开发技巧。

本书适合需要快速学习 Spring Boot+Spring Cloud 的 Java 微服务开发工程师、Spring Cloud 开发人员、微服务架构师,也适合作为高等院校和培训机构计算机及相关专业的师生参考。

本书封面贴有清华大学出版社防伪标签,无标签者不得销售。
版权所有,侵权必究。举报:010-62782989,beiqinquan@tup.tsinghua.edu.cn

图书在版编目(CIP)数据

Spring Boot+Spring Cloud 微服务开发 / 迟殿委著.—北京:清华大学出版社,2021.1
ISBN 978-7-302-56720-2

Ⅰ. ①S… Ⅱ. ①迟… Ⅲ. ①互联网络—网络服务器 Ⅳ. ①TP368.5

中国版本图书馆 CIP 数据核字(2020)第 210730 号

责任编辑:夏毓彦
封面设计:王 翔
责任校对:闫秀华
责任印制:杨 艳

出版发行:清华大学出版社
网 址:http://www.tup.com.cn,http://www.wqbook.com
地 址:北京清华大学学研大厦 A 座   邮 编:100084
社 总 机:010-62770175   邮 购:010-62786544
投稿与读者服务:010-62776969,c-service@tup.tsinghua.edu.cn
质量反馈:010-62772015,zhiliang@tup.tsinghua.edu.cn
印 刷 者:北京富博印刷有限公司
装 订 者:北京市密云县京文制本装订厂
经 销:全国新华书店
开 本:190mm×260mm   印 张:17.5   字 数:448 千字
版 次:2021 年 1 月第 1 版   印 次:2021 年 1 月第 1 次印刷
定 价:69.00 元

产品编号:089201-01

前　　言

随着互联网时代的发展，软件项目规模、数据量在不断增长，软件产品的复杂程度也在不断提高。现代企业开发需要支持高并发和大数据的软件开发架构，且需要快速发布，这使得微服务架构广泛应用在企业生产中。微服务架构有两种比较典型的产品，阿里的开源产品 Dubbo 和 VMware 的 Spring Cloud。相比于 Dubbo，Spring Cloud 提供了一整套微服务解决方案，能够基于 Spring Boot 实现快速集成，且开发效率很高。目前 Dubbo 已经停止维护了，而 Spring Cloud 有庞大的社区支持，发布新版本的频率也很高。因此，Spring Boot 和 Spring Cloud 框架技术已经成为企业产品及项目开发中最流行的技术之一。

本书是一本学习微服务开发的入门书，内容安排由浅入深，知识点和案例相结合，符合读者的学习曲线。本书对 Spring Cloud 全家桶的组件分不同的章节进行全面细致的讲解，章节对应的 Spring Cloud 组件之间也是前后衔接、递进关系，并非大量技术的堆叠。实战内容紧密结合开发中的实际应用，融入丰富的案例对技术点进行讲解，步骤清晰、简洁、易懂，特别适合读者从零开始搭建项目框架，快速上手微服务开发。本书配套有各章的案例源码以及综合项目代码。书中每个案例都有清晰的步骤标注和丰富的图片示意，便于读者快速将学到的微服务开发技术应用到实际项目中。

源代码下载

本书配套的源代码，请用微信扫描右边清华网盘二维码获取。如果有疑问，请联系 booksaga@163.com，邮件主题为"Spring Boot+Spring Cloud 微服务开发"。

本书适合的读者

本书适合需要快速学习微服务开发的 Java 开发工程师、Spring Cloud 用户和爱好者、微服务架构师,也适合高等院校和培训机构计算机及相关专业的师生参考。

本书作者

本书由迟殿委编著,作者在 Spring Cloud 微服务领域有丰富的工程实践经验,且具有 JavaEE 方向的培训教学经验,能够把握微服务开发中的重点内容和典型应用场景,希望本书能使读者顺利掌握微服务开发技术。

作 者
2020 年 10 月

目 录

第 1 章 Spring Boot 基础 ··· 1
1.1 Spring Boot 初体验 ··· 1
1.1.1 Spring Boot 简介 ··· 1
1.1.2 Spring Boot 的特性和优点 ··· 2
1.1.3 Spring Boot 开发环境准备 ··· 3
1.1.4 Spring Boot 入门程序 ··· 4
1.1.5 入门程序分析 ··· 6
1.2 Spring Boot 配置文件 ··· 8
1.2.1 配置文件命名和格式 ··· 8
1.2.2 YAML 语法 ··· 9
1.2.3 在配置文件中注入值 ··· 10
1.2.4 Profile 使用 ··· 15
1.2.5 配置文件加载位置和顺序 ··· 16
1.2.6 自动配置原理 ··· 17
1.3 Spring Boot 日志 ··· 19
1.3.1 日志框架介绍 ··· 19
1.3.2 SLF4J 的使用 ··· 21
1.3.3 Spring Boot 中日志的使用 ··· 22
1.3.4 切换日志框架 ··· 25
1.4 Spring Boot 错误处理机制 ··· 30
1.4.1 Spring Boot 默认的错误处理机制 ··· 30
1.4.2 定制错误响应 ··· 33
1.5 Spring Boot 搭建微服务实战 ··· 35
1.5.1 Server 端程序开发 ··· 35
1.5.2 客户端程序开发 ··· 42

第 2 章　Spring Cloud 概述 ··· 46
2.1　微服务简介 ··· 46
2.2　系统架构的演进 ··· 47
2.3　Spring Cloud 简介 ··· 49
2.4　Spring Cloud 与 Spring Boot 的关系 ··· 53
2.5　Spring Cloud 的优点 ··· 53

第 3 章　微服务注册与调用 ··· 55
3.1　Netflix 与 Spring Cloud ··· 55
3.2　Eureka 简介 ··· 56
3.3　Eureka Server 单点模式 ··· 58
3.4　创建 Eureka Server ··· 58
3.5　微服务开发和注册 ··· 62
3.6　Eureka Server 安全 ··· 66

第 4 章　基于 Ribbon 的客户端负载均衡 ··· 71
4.1　RestTemplate 应用 ··· 71
4.1.1　Rest 和 RestTemplate ··· 71
4.1.2　Spring Cloud 中使用 RestTemplate ··· 73
4.2　Ribbon 实现负载均衡 ··· 74

第 5 章　Ribbon 应用深入 ··· 79
5.1　通过编码方式自定义 Ribbon Client ··· 80
5.2　通过配置文件自定义 Ribbon Client ··· 81
5.3　内置的负载均衡策略 ··· 84
5.4　脱离 Eureka 使用 Ribbon ··· 87

第 6 章　基于 Feign 的服务间通信 ··· 90
6.1　Feign 快速入门 ··· 90
6.2　自定义 Feign 配置 ··· 96
6.3　Feign 接口日志配置 ··· 99

第 7 章　微服务集群的高可靠 ··· 100
7.1　Eureka Server 实现高可靠 ··· 100
7.2　Eureka 的一些配置及解释 ··· 107

第 8 章　Spring Cloud 保护之断路器及应用 ·· 109

- 8.1　Hystrix Fallback ·· 109
- 8.2　Hystrix 的超时时间配置 ··· 113
- 8.3　Hystrix 隔离策略 ·· 114
- 8.4　Hystrix 健康检查 ·· 116
- 8.5　hystrix.stream ·· 117
- 8.6　在 Feign 中使用 Hystrix Fallback ·· 118
- 8.7　Hystrix 的 Dashboard ·· 121

第 9 章　断路器聚合监控之 Turbine ··· 124

- 9.1　Hystrix Turbine 简介 ··· 124
- 9.2　开发 Turbine 微服务 ·· 125

第 10 章　基于 Zuul 的路由和过滤 ··· 128

- 10.1　Zuul 反向代理 ·· 128
- 10.2　Zuul 路由快速示例 ·· 131
- 10.3　使用 serviceId 配置路由 ·· 133
- 10.4　使用 URL 方式配置路由 ··· 134
- 10.5　使用正则表达式方式配置路由 ·· 135
- 10.6　路由配置路径前缀 ··· 137
- 10.7　Zuul 其他属性设置 ·· 139
- 10.8　查看所有的映射 ··· 139
- 10.9　Zuul 文件上传 ·· 140
- 10.10　Zuul 回退功能 ·· 144
- 10.11　Zuul 过滤器 ·· 146

第 11 章　微服务网关 Spring Cloud Gateway ·· 149

- 11.1　Gateway 路由配置方式实现 ··· 150
- 11.2　Gateway 路由编程方式实现 ··· 154

第 12 章　分布式配置管理快速入门 ··· 156

- 12.1　Spring Cloud Config Server 介绍 ·· 156
- 12.2　配置服务中心服务器 ··· 157
- 12.3　客户端访问配置中心 ··· 163

第 13 章　分布式配置管理应用深入 ... 167

13.1　基础架构和工作流程 ... 167
13.2　配置仓库 ... 168
13.2.1　Git 仓库配置 ... 168
13.2.2　SVN 仓库配置 ... 172
13.3　基于 Git 仓库的分布式配置实战 ... 172
13.3.1　创建 Config Server 项目 ... 172
13.3.2　创建 Git 配置项目 ... 175
13.3.3　添加配置文件 ... 178
13.3.4　Config Server 引用 Git ... 180
13.3.5　配置客户端 ... 182

第 14 章　Spring Cloud 链路追踪 ... 186

14.1　Spring Cloud Sleuth 组件概述 ... 186
14.2　服务追踪实现 ... 188

第 15 章　Spring Cloud 综合实战 ... 193

15.1　项目总体功能描述 ... 193
15.2　商品微服务模块开发 ... 194
15.3　订单微服务模块开发 ... 203
15.4　微服务间通信开发 ... 216
15.5　商品、订单微服务的多模块改造 ... 225
15.6　基于 Git 仓库的分布式配置实现 ... 236
15.7　订单流程引入异步消息队列 ... 243
15.8　项目引入服务网关实现限流、权限验证 ... 256

第 1 章

Spring Boot 基础

1.1 Spring Boot 初体验

1.1.1 Spring Boot 简介

Spring 框架自 2003 年兴起发展至今，已经成为事实上的 JavaEE 开发标准框架。它诞生之初是为了解决企业级应用开发的复杂性而创建的，使用 Spring 可以让简单的 JavaBean 实现之前只有 EJB 才能完成的事情。但是 Spring 不仅仅局限于服务器端开发，任何 Java 应用都能在简单性、可测试性和松耦合性等方面从 Spring 中获益，目前的 Spring 框架已经发展成为一个无所不包的全家桶。

我们使用 Spring 框架与其他框架进行整合，比如较常见的 SSH 和 SSM 框架。想想我们是如何创建一个 Spring 应用的吧。以搭建一个 Spring、Spring MVC、MyBatis 为例，首先每一种框架都需要各种配置文件或注解，互相之间的整合也需要配置文件，另外可能还需要使用 Maven 导入许多依赖、开发测试程序、手动将项目打成 war 包部署到 Servlet 容器上，等等，可谓相当烦琐。实际上 Spring Boot 就是用来简化这些步骤的，它采用约定大于配置、去繁就简的方法，简化了 J2EE 开发，帮助我们快速创建一个产品级别的 Spring 应用。针对很多 Spring 应用程序常见的应用功能，Spring Boot 能自动提供相关配置，而且 Spring Boot 本身也整合了许多优秀的框架。可以这样理解，Spring Boot 就像一扇门，打开它，就能看到里面是 JavaEE 技术堆栈这座大山。

Spring Boot 是由 Pivotal 团队提供的全新框架，其设计目的是用来简化新 Spring 应用的初始搭建以及整个开发过程。该框架使用了特定的方式进行配置，从而使开发人员不再需要定义样板化的配置。采用 Spring Boot 可以大大简化开发模式，所有我们想集成的常用框架，它都有对应的组件支持。

Spring Boot 基于 Spring 开发，它本身并不提供 Spring 框架的核心特性以及扩展功能，只是用来快速、敏捷地开发新一代基于 Spring 框架的应用程序。也就是说，它并不是用来替代 Spring

的解决方案，而是和 Spring 框架紧密结合，用于提升 Spring 开发者体验的工具。同时，它集成了大量常用的第三方库配置（例如 Redis、MongoDB、JPA、RabbitMQ、Quartz 等），这些第三方库几乎可以零配置地开箱即用，大部分的 Spring Boot 应用都只需要非常少量的配置代码，开发者能够更加专注于业务逻辑。

Spring Boot 一经推出就受到开源社区的追捧，Spring Boot 官方提供了很多 Starter（可插拔的插件，可集成第三方产品）方便集成第三方产品，很多主流的框架也纷纷主动进行集成，比如 MyBatis。Spring 官方非常重视 Spring Boot 的发展，在 Spring 官网首页进行重点推荐介绍，是目前 Spring 官方重点发展的项目之一。

1.1.2　Spring Boot 的特性和优点

随着 Spring 不断地发展，涉及的领域越来越多，项目整合开发需要配合各种各样的文件，慢慢变得不那么简单易用，违背了最初的理念，甚至被人戏称为配置地狱。Spring Boot 正是在这样的一个背景下被抽象出来的开发框架，目的是为了让大家更容易地使用 Spring、更容易地集成各种常用的中间件、开源软件；另一方面，Spring Boot 诞生时，微服务概念正处于慢慢酝酿的过程中，Spring Boot 的研发融合了微服务架构的理念，成为在 Java 领域内微服务架构落地的技术支撑。

Spring Boot 作为一套全新的框架，来源于 Spring 大家族，因此 Spring 所有具备的功能它都有，而且更容易使用；Spring Boot 以约定大于配置的核心思想，默认帮我们进行了很多设置，多数 Spring Boot 应用只需要很少的 Spring 配置。Spring Boot 开发了很多的应用集成包，支持绝大多数开源软件，让我们以很低的成本去集成其他主流开源软件。

Spring Boot 主要特性：

- 使用 Spring 项目引导页面可以在几秒就构建一个项目。
- 方便对外输出各种形式的服务，如 REST API、WebSocket、Web、Streaming、Tasks。
- 非常简洁的安全策略集成。
- 支持关系数据库和非关系数据库。
- 支持运行期内嵌容器，如 TomCat、Jetty。
- 强大的开发包，支持热启动。
- 自动管理依赖。
- 自带应用监控。
- 支持各种 IDE，如 IntelliJ IDEA、NetBeans。

Spring Boot 的这些特性便于快速地构建独立的微服务。所以使用 Spring Boot 开发项目，会给我们传统开发带来非常大的便利，可以说如果你使用过 Spring Boot 开发过项目，那么就会被它简洁、高效的特性所吸引。

使用 Spring Boot 可以给我们的开发工作带来以下几方面的改进：

- Spring Boot 使编码变简单，它提供了丰富的解决方案，快速集成各种解决方案可以提升我们的开发效率。
- Spring Boot 使配置变简单，它提供了丰富的 Starter，集成了主流开源产品，让我们只需要简单设置即可完成配置。

- Spring Boot 使部署变简单，它本身内嵌启动容器，仅仅需要一个命令即可启动项目，因此，结合 Jenkins、Docker 自动化运维非常容易实现。
- Spring Boot 使监控变简单，它自带监控组件，使用 Actuator 轻松监控服务的各项状态。

1.1.3　Spring Boot 开发环境准备

开发环境约束：

- JDK 1.8：Spring Boot 推荐 JDK 1.7 及以上；本书采用 Java version 1.8.0_112。
- Maven 3.x：Maven 3.3 以上版本；本书采用 Apache Maven 3.3.9。
- Spring Boot 版本：本书采用 2.1.4.RELEASE。
- 开发环境：本书采用 IntelliJ IDEA。

进行 Spring Boot 学习之前需要将开发环境进行如下设置。

1. Maven 设置

给 Maven 的 settings.xml 配置文件的 profiles 标签添加如下配置：

```xml
<profile>
    <id>jdk-1.8</id>
    <activation>
    <activeByDefault>true</activeByDefault>
    <jdk>1.8</jdk>
    </activation>
    <properties>
    <maven.compiler.source>1.8</maven.compiler.source>
    <maven.compiler.target>1.8</maven.compiler.target>
    <maven.compiler.compilerVersion>1.8</maven.compiler.compilerVersion>
    </properties>
</profile>
```

这里使用的 Maven 版本是 3.3.9，对于使用 Maven 3，我们可以有多个地方定义 profile。定义的地方不同，它的作用范围也不同。

针对特定项目的 profile 配置，我们可以定义在该项目的 pom.xml 中。

针对特定用户的 profile 配置，我们可以在用户的 settings.xml 文件中定义 profile。该文件在用户 home 目录下的 ".m2" 目录下。

针对全局的 profile 配置，全局的 profile 定义在 Maven 安装目录下的 "conf/settings.xml" 文件中。

以上配置就是定义了 Java 的编译版本是 1.8，定义在全局 profile 下，这样对所有的 Maven 项目都会生效。

2. IDEA 设置

整合 Maven 进来，单击 File 菜单选择 settings，选择 Maven 并配置其安装目录和 setting.xml 配置文件存储的位置，如图 1-1 所示。

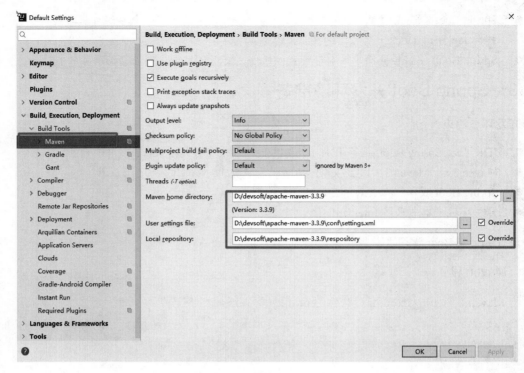

图 1-1

1.1.4 Spring Boot 入门程序

我们来看第一个 Spring Boot 程序，这个程序实现的功能是：浏览器发送 hello 请求，服务器接受请求并处理，响应 "Hello World" 字符串。入门程序的项目名为 spring-boot-01-helloworld，在本章案例源码（案例源码下载参见前言）文件夹中。

开发步骤：

（1）创建一个 Maven 工程。
（2）导入 Spring Boot 相关的依赖。

示例代码 1-1　pom.xml（文件的部分代码或者文件的核心代码）

```xml
<parent>
  <groupId>org.springframework.boot</groupId>
  <artifactId>spring-boot-starter-parent</artifactId>
  <version>2.1.4.RELEASE</version>
</parent>
<dependencies>
  <dependency>
      <groupId>org.springframework.boot</groupId>
      <artifactId>spring-boot-starter-web</artifactId>
  </dependency>
</dependencies>
```

（3）编写一个主程序，启动 Spring Boot 应用：

示例代码 1-2　HelloWorldMainApplication .java

```java
/**
 * @SpringBootApplication 来标注一个主程序类，说明这是一个 Spring Boot 应用
 */
@SpringBootApplication
public class HelloWorldMainApplication {
    public static void main(String[] args) {
        // Spring 应用启动起来
        SpringApplication.run(HelloWorldMainApplication.class, args);
    }
}
```

（4）编写相关的 Controller：

示例代码 1-3　HelloController .java

```java
@Controller
public class HelloController {
    @ResponseBody
    @RequestMapping("/hello")
    public String hello(){
        return "Hello World!";
    }
}
```

（5）运行主程序测试。

（6）简化部署。

为了简化 Spring Boot 项目的部署，可以引入 spring-boot-maven-plugin 插件。Spring Boot 的 Maven 插件（Spring Boot Maven plugin）能够以 Maven 的方式为应用提供 Spring Boot 的支持，即为 Spring Boot 应用提供了执行 Maven 操作的可能。

Spring Boot Maven plugin 能够将 Spring Boot 应用打包为可执行的 jar 或 war 文件，然后以通常的方式运行 Spring Boot 应用。

Spring Boot Maven plugin 的 5 个 Goals：

- spring-boot:repackage：默认 goal。在 mvn package 之后，再次打包可执行的 jar/war，同时保留 mvn package 生成的 jar/war 为 .origin。
- spring-boot:run：运行 Spring Boot 应用。
- spring-boot:start：在 mvn integration-test 阶段，进行 Spring Boot 应用生命周期的管理。
- spring-boot:stop：在 mvn integration-test 阶段，进行 Spring Boot 应用生命周期的管理。
- spring-boot:build-info：生成 Actuator 使用的构建信息文件 build-info.properties。

具体引入的代码如下：

```xml
<!-- 这个插件，可以将应用打包成一个可执行的 jar 包-->
```

```xml
<build>
    <plugins>
        <plugin>
            <groupId>org.springframework.boot</groupId>
            <artifactId>spring-boot-maven-plugin</artifactId>
        </plugin>
    </plugins>
</build>
```

该插件可以将这个应用打包成 jar 包，直接使用 java -jar 的命令执行。

1.1.5 入门程序分析

下面对上一小节的 Spring Boot 入门程序进行分析。

1. POM 文件分析

（1）父项目

```xml
<parent>
    <groupId>org.springframework.boot</groupId>
    <artifactId>spring-boot-starter-parent</artifactId>
    <version>2.1.4.RELEASE</version>
</parent>
```

它的父项目是 spring-boot-starter-parent，父项目所对应的配置文件是：

```xml
<parent>
    <groupId>org.springframework.boot</groupId>
    <artifactId>spring-boot-dependencies</artifactId>
    <version>2.1.4.RELEASE</version>
    <relativePath>../../spring-boot-dependencies</relativePath>
</parent>
```

该配置文件真正用于管理 Spring Boot 应用中所有的依赖版本，是 Spring Boot 的版本仲裁中心。

以后我们再导入依赖时默认就不需要写版本号了，因为父项目的配置文件已经替我们管理好了（没有在 dependency 中管理的依赖则需要声明版本号）。

（2）启动器

```xml
<dependency>
    <groupId>org.springframework.boot</groupId>
    <artifactId>spring-boot-starter-web</artifactId>
</dependency>
```

spring-boot-starter：Spring Boot 场景启动器，用于导入 Web 模块正常运行所依赖的组件。

Spring Boot 将所有的功能场景都抽取出来，做成多个 Starter（启动器），只需要在项目中引入这些 Starter，相关场景的所有依赖都会导入进来。需要用到什么功能就导入什么场景的启动器。

2. 主程序类，主入口类分析

我们来看一下主程序类：

```
/**
 * @SpringBootApplication 来标注一个主程序类，说明这是一个 Spring Boot 应用
 */
@SpringBootApplication
public class HelloWorldMainApplication {

    public static void main(String[] args) {

        // Spring 应用启动起来
        SpringApplication.run(HelloWorldMainApplication.class, args);
    }
}
```

@SpringBootApplication：Spring Boot 应用标注在某个类上，说明这个类是 Spring Boot 的主配置类，Spring Boot 就应该运行这个类的 main 方法来启动 Spring Boot 应用。这个注解的部分源代码如下：

```
@Target(ElementType.TYPE)
@Retention(RetentionPolicy.RUNTIME)
@Documented
@Inherited
@SpringBootConfiguration
@EnableAutoConfiguration
@ComponentScan(excludeFilters = {
    @Filter(type = FilterType.CUSTOM, classes = TypeExcludeFilter.class),
    @Filter(type = FilterType.CUSTOM, classes =
AutoConfigurationExcludeFilter.class) })
public @interface SpringBootApplication
```

上面这些注解的具体含义如下：

- @SpringBootConfiguration：Spring Boot 的配置类，标注在某个类上，表示这是一个 Spring Boot 的配置类。
- @Configuration：配置类上标注这个注解，其作用等同于 Spring 的管理 Bean 的配置文件。
- @EnableAutoConfiguration：开启自动配置功能。

以前我们需要配置的配置项，Spring Boot 可以帮我们自动配置，@EnableAutoConfiguration 告诉 Spring Boot 开启自动配置功能，这样自动配置才能生效。

下面是 EnableAutoConfiguration 的部分源码：

```
@AutoConfigurationPackage
@Import(EnableAutoConfigurationImportSelector.class)
public @interface EnableAutoConfiguration {
@AutoConfigurationPackage：自动配置包
```

```
@Import(AutoConfigurationPackages.Registrar.class)
```

上面几个注解的含义如下：

- Spring 的底层注解@Import：给容器中导入一个组件，导入的组件是 AutoConfigurationPackages.Registrar.class。
  将主配置类（@SpringBootApplication 标注的类）所在的包及其下面所有子包中的所有组件扫描到 Spring 容器。

```
@Import(EnableAutoConfigurationImportSelector.class)
```

- EnableAutoConfigurationImportSelector：该类将所有需要导入的组件以全类名的方式返回，这些组件就会被添加到容器中，会给容器中导入非常多的自动配置类（xxxAutoConfiguration），就是说给容器中导入这个场景需要的所有组件。部分自动配置类如图 1-2 所示。

图 1-2

有了自动配置类，我们就无须手动编写注入功能组件的配置。

```
SpringFactoriesLoader.loadFactoryNames(EnableAutoConfiguration.class,
classLoader);
```

Spring Boot 在启动的时候，从自动配置类路径下的 META-INF/spring.factories 中获取 EnableAutoConfiguration 指定的值，将这些值作为自动配置类导入到容器中，自动配置类就会生效，以前我们需要自己配置的配置项，自动配置类都代劳了。

J2EE 的整体整合解决方案和自动配置都在 spring-boot-autoconfigure-2.1.4.RELEASE.jar 中。

1.2 Spring Boot 配置文件

1.2.1 配置文件命名和格式

Spring Boot 使用两个全局的配置文件，配置文件名是固定的：

- application.properties
- application.yml

配置文件的作用：修改 Spring Boot 自动配置的默认值，Spring Boot 在底层都为我们自动配置好了。

以 properties 作为扩展名的配置文件在 Spring 框架开发中很常见，这里说明一下 YAML（YAML Ain't Markup Language）文件。YAML 是 "YAML 不是一种标记语言" 的外语缩写，这是为了强调这种语言以数据为中心，不是以置标语言为重点，而用返璞词重新命名。它是一种直观的、能够被电脑识别的数据序列化格式，是一个可读性高、容易阅读、容易和脚本语言交互、用来表达资料序列的编程语言。

以前的配置文件大多都使用的是 XML 格式的文件，而 YAML 以数据为中心，比 JSON、XML 格式的文件等更适合做配置文件。

以下是 YAML 配置的例子：

```
server:
    port: 8081
```

XML 配置例子：

```
<server>
    <port>8081</port>
</server>
```

下一小节将重点讲解 YAML 的语法。

1.2.2　YAML 语法

1. 基本语法

k:(空格)v：表示一对 "键值对"（空格必须有），以空格的缩进来控制层级关系，只要是左对齐的一列数据，都是同一个层级的。

基本语法规则：

- 区分字母大小写。
- 使用缩进表示层级关系。
- 缩进时不允许使用制表符（Tab），只允许使用空格。
- 缩进的空格数目不重要，只要相同层级的元素左侧对齐即可。

以下是一个写法示例：

```
server:
    port: 8081
    path: /hello
```

> **注　意**
>
> 属性和值也是区分字母大小写的。

2. 值的写法

作为配置文件中键值对中的 "值" 的写法，有以下几种情况需要注意：

- 字符串默认不用加上单引号或者双引号。
- 如果使用了双引号，会转义字符串里面的特殊字符。如 name: "zhangsan \n lisi"：表示输出 zhangsan 后换行再输出 lisi。
- 如果使用单引号，不会转义特殊字符，特殊字符最终只是一个普通的字符串数据。如 name: 'zhangsan \n lisi'：表示输出 zhangsan \n lisi。

3. 对象（属性和值）、Map（键值对）

一个对象或 Map 结构都可以由一组键值对（Key-Value Pair）所组成，可以转为字典结构，而一个字典结构的值采用的是简单的"键: 值"的形式（这个冒号后面必须是一个空格）。比如表达一个对象的方式如下：

```
friends:
    lastName: zhangsan
    age: 20
```

在一行内的写法（简称行内写法）如下：

```
friends: {lastName: zhangsan, age: 18}
```

4. 数组（List、Set）

列表中的所有元素（或成员）都处于相同的缩进层级，并使用一个 "- " 作为开头（一个横杠和一个空格）：

```
pets:
 - cat
 - dog
 - pig
```

也可以采用行内写法：

```
pets: [cat, dog, pig]
```

1.2.3 在配置文件中注入值

本节示例对应的项目名为 spring-boot-02-config，该项目在本章示例源码文件夹中。

通过使用@ConfigurationProperties 注解，可以将 YAML 配置文件中相关配置的值与 JavaBean 进行绑定，这部分配置代码如下：

示例代码 1-4　application.properties（文件的部分代码或者文件的核心代码）

```
person:
    lastName: hello
    age: 18
    boss: false
    birth: 2017/12/12
    maps: {k1: v1, k2: 12}
    lists:
```

```yaml
    - lisi
    - zhaoliu
  dog:
    name: 小狗
    age: 12
```

JavaBean 部分代码如下：

示例代码 1-5　Person.java（文件的部分代码或者文件的核心代码）

```java
/**
 * 将配置文件中配置的每一个属性的值映射到这个组件中
 * @ConfigurationProperties：告诉 Spring Boot 将本类中的所有属性和配置文件中相关的配置进
 行绑定
 * prefix = "person"：配置文件中以 person 为前缀的信息将与本 JavaBean 的属性一一对应*
 * 注意只有这个组件是容器中的组件，即有@Component 注解的，才能为容器提供@Configuration
 Properties 功能
 *
 */
@Component
@ConfigurationProperties(prefix = "person")
public class Person {

    private String lastName;
    private Integer age;
    private Boolean boss;
    private Date birth;

    private Map<String, Object> maps;
    private List<Object> lists;
    private Dog dog;
```

另外，Spring Boot 默认使用 yml 配置文件，使用 xml 或 properties 作为配置文件时，Spring Boot 需要将 spring-boot-configuration-processor 添加到类路径以生成配置元数据，其余用法和 yml 一致。要将 spring-boot-configuration-processor 依赖添加到 pom.xml 文件中，只需要在 dependencies 节点下添加如下代码：

示例代码 1-6　pom.xml（文件的部分代码或者文件的核心代码）

```xml
<!--导入配置文件处理器，配置文件进行绑定就会有提示-->
<dependency>
    <groupId>org.springframework.boot</groupId>
    <artifactId>spring-boot-configuration-processor</artifactId>
    <optional>true</optional>
</dependency>
```

下面是关于在配置文件中注入值需要注意的地方。

1. properties 配置文件在 IDEA 中默认的文件编码是 UTF-8

properties 配置文件可能会出现乱码,参照图 1-3 所示的方式进行调整。

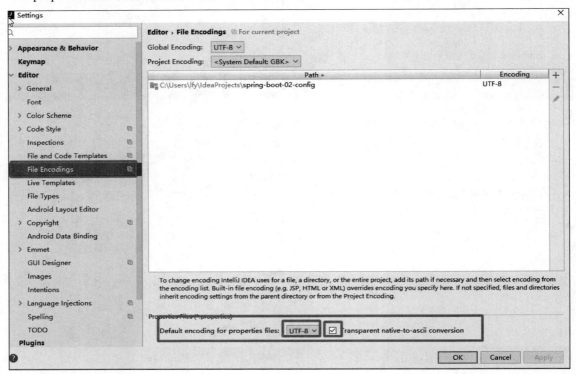

图 1-3

其实,在 properties 文件中,中文也会显示为 UTF-8 编码格式,这种情况下可以在 file→setting→editor→file encodings 下勾选 transparent native-to-ascii conversion 选项即可。

2. @Value 获取值和@ConfigurationProperties 获取值的比较

配置文件无论是 yml 还是 properties,这两种方式都可以获取到值。如果只是在某个业务逻辑中需要获取一下配置文件中的某项值,那么使用@Value 即可;如果要专门编写了一个 Java Bean 映射到配置文件,那么就直接使用@ConfigurationProperties。二者比较如表 1-1 所示。

表1-1 @Value和@ConfigurationProperties对比

对 比 项	@ConfigurationProperties	@Value
功能	批量注入配置文件中的属性	逐个指定
松散绑定(松散语法)	支持	不支持
SpEL	不支持	支持
JSR303 数据校验	支持	不支持
复杂类型封装	支持	不支持

3. 配置文件注入值的数据校验

@Validated 是 Spring Validator 校验机制，用于类型、方法和方法参数，但不能用于成员属性（field）。下面是用于类型 Person 上进行数据校验的示例代码，它在不同属性上可以加上不同的校验类型，如@Email、@NotBlank 等：

示例代码 1-7　Person.java（文件的部分代码或者文件的核心代码）

```java
@Component
@ConfigurationProperties(prefix = "person")
@Validated
public class Person {
    //lastName 必须是邮箱格式
    @Email
    private String lastName;
    private Integer age;
}
```

其中，@Validated 注解表示需要进行数据校验，@Email 则表示属性值必须是邮件格式。

4. @PropertySource &&@ImportResource&&@Bean 注解

@PropertySource：加载指定的配置文件，可以在 Spring Boot 默认的两个全局配置文件之外自定义属性配置文件，具体用法参见以下示例代码：

示例代码 1-8　Person.java（文件的部分代码或者文件的核心代码）

```java
/**
 * 将配置文件中配置的每一个属性的值，映射到这个组件中
 * @ConfigurationProperties：告诉 Spring Boot 将本类中的所有属性和配置文件中相关的配置进行绑定
 * prefix = "person"：配置文件中以 person 为前缀的信息将与本 JavaBean 的属性一一对应 *
 * 只有这个组件是容器中的组件，才能提供@ConfigurationProperties 功能
 *   @ConfigurationProperties(prefix = "person")默认从全局配置文件中获取值*
 */
@PropertySource(value = {"classpath:person.properties"})
@Component
@ConfigurationProperties(prefix = "person")
//@Validated
public class Person {

    /**
     * <bean class="Person">
     *   <property name="lastName" value="字面量/${key}从环境变量、配置文件中获取值/#{SpEL}"></property>
     *   <bean/>
```

```
    */
//lastName 必须是邮箱格式
// @Email
//@Value("${person.last-name}")
 private String lastName;
 //@Value("#{11*2}")
 private Integer age;
 //@Value("true")
 private Boolean boss;
```

@ImportResource：导入 Spring 的配置文件，让配置文件里面的内容生效，Spring Boot 中没有 Spring 的配置文件，我们自己编写的配置文件也不能被自动识别，要想让 Spring 的配置文件生效，使用该注解将其加载进来即可。

比如，编写 Spring 的配置文件 beans.xml，并配置了一个 JavaBean，代码如下所示：

示例代码 1-9　beans.xml

```xml
<?xml version="1.0" encoding="UTF-8"?>
<beans xmlns="http://www.springframework.org/schema/beans"
    xmlns:xsi="http://www.w3.org/2001/XMLSchema-instance"
    xsi:schemaLocation="http://www.springframework.org/schema/beans
http://www.springframework.org/schema/beans/spring-beans.xsd">

    <bean id="helloService"
class="com.spring.springboot.service.HelloService"></bean>
</beans>
```

然后将 @ImportResource 标注在一个配置类上，写法为 @ImportResource(locations={"classpath:beans.xml"})，具体参见启动类代码：

示例代码 1-10　SpringBoot02ConfigApplication.java（文件的部分代码或者文件的核心代码）

```java
@ImportResource(value = {"classpath:beans.xml"})
@SpringBootApplication
public class SpringBoot02ConfigApplication{
    public static void main(String[] args) {
        SpringApplication.run(SpringBootHelloquickApplication.class, args);
    }
}
```

@ImportResource 注解必须使用在有@Configuration 注解的类上（@SpringBootApplication 继承自@Configuration）。虽然该方法可行，但是在 Spring Boot 中更推荐使用@Configuration 注解的配置类来往容器中添加组件，Spring Boot 会自动将带有@Configuration 注解的类视为容器配置类，并将类中使用@Bean 注解的方法视为 Bean 的获取方法，@Bean 注解的方法也可以写在@SpringBootApplication 注解的主程序类中，所以开发过程中建议采用以下方式给容器添加组件：

（1）编写一个配置类，添加@Configuration 注解即可。

(2)使用@Bean 给容器中添加组件。

配置类代码如下所示：

示例代码 1-11　MyAppConfig .java

```java
/**
 * @Configuration：指明当前类是一个配置类；就是用来替代之前的 Spring 配置文件
 *
 * 在配置文件中用<bean><bean/>标签添加组件
 *
 */
@Configuration
public class MyAppConfig {
    //将方法的返回值添加到容器中；容器中这个组件默认的 id 就是方法名
    @Bean
    public HelloService helloService02(){
        System.out.println("配置类@Bean 给容器中添加组件了...");
        return new HelloService();
    }
}
```

1.2.4　Profile 使用

1. 多 Profile 文件

我们在编写主配置文件的时候，文件名可以是 application-{profile}.properties/yml，比如，可以有多个配置文件共存，如 applicaiton.properties、application-dev.properties、application-test.properties 等。默认使用 application.properties 配置文件。

2. yml 多文档块配置方式

如果是 yml 格式的配置文件，可以用"---"来划分文档块，每个文档块都被看作是一个 profile，可以在主文档块中指定生效的 profile，代码如下所示：

示例代码 1-12　application.yml

```yml
server:
  port: 8081
spring:
  profiles:
    active: dev # 指定激活哪个配置文件
# 在 yml 格式的配置文件中，用 3 个横线来区分文档块
# 第一个文档块表示主文档块，并同时指定后续生效的是哪个文档块
---
# 第二个文档块
server:
  port: 8082
spring:
```

```
    profiles: dev  # 声明文档块类型
---
# 第三个文档块
server:
   port: 8083
spring:
  profiles: dev
```

3. 激活指定 profile 的方式

（1）在配置文件中指定 spring.profiles.active=dev。

（2）在实际生产环境中直接使用命令来启动项目，启动的同时可以指定激活的 profile，命令行方式指定如下：

```
java -jar spring-boot-02-config-0.0.1-SNAPSHOT.jar --spring.profiles.active=dev;
```

可以直接在测试的时候，配置传入命令行参数。

（3）可以通过设置 Java 虚拟机参数的方式来激活指定的 profile：

```
-Dspring.profiles.active=dev
```

1.2.5　配置文件加载位置和顺序

1. 项目内部文件加载的顺序

Spring Boot 启动之后会扫描以下位置的 application.properties 或者 application.yml 文件，以作为 Spring Boot 的默认配置文件。扫描位置有以下几个：

- –file:./config/
- –file:./
- –classpath:/config/
- –classpath:/

优先级由高到低，高优先级的配置会覆盖低优先级的配置，Spring Boot 会加载这四个位置的全部主配置文件。

另外，还可以通过 spring.config.location 来改变配置文件的默认位置。项目打包好以后，我们可以使用命令行参数的形式，在启动项目时指定配置文件的新位置，指定的配置文件会和默认加载的配置文件共同起作用，形成互补配置，参考命令如下：

```
java -jar spring-boot-02-config-02-0.0.1-SNAPSHOT.jar
--spring.config.location=G:/application.properties
```

2. 外部配置加载的顺序

Spring Boot 也可以从以下位置加载配置，由于高优先级的配置覆盖低优先级的配置，所有的配置会形成互补配置。

（1）命令行参数

所有的配置都可以在命令行中指定：

```
java -jar spring-boot-02-config-02-0.0.1-SNAPSHOT.jar --server.port=8087
--server.context-path=/abc
```

多个配置用空格分开。

（2）来自 java:comp/env 的 JNDI 属性。
（3）Java 系统属性（System.getProperties()）。
（4）操作系统环境变量。
（5）RandomValuePropertySource 配置的 random.*属性值。
（6）jar 包外部的 application-{profile}.properties 或 application.yml（带 spring.profile）配置文件。
（7）jar 包内部的 application-{profile}.properties 或 application.yml（带 spring.profile）配置文件。
（8）jar 包外部的 application.properties 或 application.yml（带 spring.profile）配置文件。
（9）jar 包内部的 application.properties 或 application.yml（不带 spring.profile）配置文件。
（10）@Configuration 注解类上的@PropertySource。
（11）通过 SpringApplication.setDefaultProperties 指定的默认属性。

总的来说，生效的配置文件是 jar 包外的优先，其次才是 jar 包内的配置文件，即优先加载带有 profile 的文件，再加载不带有 profile 的文件。比如，有个 application.properties 的配置文件和 xxx.jar 放置在同一个目录，那么项目启动时一定会先加载 application.properties 文件，再加载 xxx.jar 里面的配置文件。

1.2.6　自动配置原理

Spring Boot 如何能做到简化配置，提供 JavaEE 的一站式解决方案，很大程度上在于其自动配置，下面分析一下其自动配置的原理。

自动配置原理

Spring Boot 启动的时候加载主配置类，开启了自动配置功能。@SpringBootApplication 是一个复合注解或派生注解。在@SpringBootApplication 中有一个注解@EnableAutoConfiguration，其实简单来说就是开启自动配置，这个注解就是一个派生注解，其中的关键功能由@Import 提供，其导入的 AutoConfigurationImportSelector 的 selectImports()方法通过 SpringFactoriesLoader.loadFactoryNames()扫描所有具有 META-INF/spring.factories 的 jar 包。spring-boot-autoconfigure-x.x.x.x.jar 里就有一个这样的 spring.factories 文件。

这个 spring.factories 文件也是一组一组的 key=value 的形式，比如，其中一个 key 是 EnableAutoConfiguration 类的全类名，它的 value 是一个 xxxxAutoConfiguration 的类名的列表，这些类名以逗号分隔，以下是部分类名：

```
Auto Configure
org.springframework.boot.autoconfigure.EnableAutoConfiguration=\
org.springframework.boot.autoconfigure.admin.SpringApplicationAdminJmxAutoConf
```

```
iguration, \
org.springframework.boot.autoconfigure.aop.AopAutoConfiguration, \
org.springframework.boot.autoconfigure.amqp.RabbitAutoConfiguration, \
org.springframework.boot.autoconfigure.batch.BatchAutoConfiguration, \
org.springframework.boot.autoconfigure.cache.CacheAutoConfiguration, \
org.springframework.boot.autoconfigure.cassandra.CassandraAutoConfiguration, \
org.springframework.boot.autoconfigure.cloud.CloudAutoConfiguration, \
org.springframework.boot.autoconfigure.web.WebMvcAutoConfiguration, \
org.springframework.boot.autoconfigure.websocket.WebSocketAutoConfiguration, \
org.springframework.boot.autoconfigure.websocket.WebSocketMessagingAutoConfiguration, \
org.springframework.boot.autoconfigure.webservices.WebServicesAutoConfiguration
```

这个@EnableAutoConfiguration 注解通过@SpringBootApplication 间接地标记在 Spring Boot 的启动类上。在 SpringApplication.run(...)的内部就会执行 selectImports()方法，找到所有 JavaConfig 自动配置类的全限定名对应的 class，然后将所有自动配置类加载到 Spring 容器中。

每一个这种 xxxAutoConfiguration 类都是容器中的一个组件，它们具有自动配置功能，加入到容器中进行自动配置。

这里以 HttpEncodingAutoConfiguration（HTTP 编码自动配置）为例解释自动配置原理，该配置类代码及解释如下：

```
@Configuration    //表示这是一个配置类，以前编写的配置文件一样，也可以给容器中添加组件
/*启动指定类的 ConfigurationProperties 功能；将配置文件中对应的值和 HttpEncoding
Properties 绑定起来；并把 HttpEncodingProperties 加入到 ioc 容器中*/
@EnableConfigurationProperties(HttpEncodingProperties.class)
/*Spring 底层@Conditional 注解（Spring 注解版），根据不同的条件，如果满足指定的条件，整个配置类里面的配置就会生效；判断当前应用是否是 web 应用，如果是，当前配置类生效*/
@ConditionalOnWebApplication
//判断当前项目有没有这个类 CharacterEncodingFilter；它是 Spring MVC 中用于解决乱码的过滤器
@ConditionalOnClass(CharacterEncodingFilter.class)
//判断配置文件中是否存在某个配置 spring.http.encoding.enabled；如果不存在，判断也是成立的
//即使在配置文件中不设置 pring.http.encoding.enabled=true，这个设置默认也是生效的
@ConditionalOnProperty(prefix = "spring.http.encoding", value = "enabled",
matchIfMissing = true)
public class HttpEncodingAutoConfiguration {
    //它已经映射到 SpringBoot 的配置文件了
    private final HttpEncodingProperties properties;
    //在只有一个有参构造器的情况下，就会从容器中获取参数的值
    public HttpEncodingAutoConfiguration(HttpEncodingProperties properties) {
        this.properties = properties;
    }
    @Bean    //给容器中添加一个组件，这个组件的某些值需要从 properties 中获取
    @ConditionalOnMissingBean(CharacterEncodingFilter.class)    //判断容器没有这个组件
    public CharacterEncodingFilter characterEncodingFilter() {
        CharacterEncodingFilter filter = new OrderedCharacterEncodingFilter();
```

```
        filter.setEncoding(this.properties.getCharset().name());
        filter.setForceRequestEncoding(this.properties.shouldForce(Type.REQUEST)
);
        filter.setForceResponseEncoding(this.properties.shouldForce(Type.RESPONS
E));
        return filter;
    }
```

每一个 AutoConfiguration 自动配置类都是在某些条件下才会生效,这些条件的限制在 Spring Boot 中以注解的形式来体现,常见的条件注解有如下几项:

- @ConditionalOnBean: 当容器里有指定 Bean 的条件下。
- @ConditionalOnMissingBean: 当容器里不存在指定 Bean 的条件下。
- @ConditionalOnClass: 当类路径下有指定类的条件下。
- @ConditionalOnMissingClass: 当类路径下不存在指定类的条件下。
- @ConditionalOnProperty: 指定的属性是否有指定的值。

根据当前不同的条件判断来决定这个配置类是否生效,如果这个配置类生效,那么该配置类就会在容器中添加各种组件,而这些组件的属性从对应的 properties 类中获取,这些 properties 类中的每一个属性又是和配置文件绑定的。所有在配置文件中能配置的属性,都封装在对应的 Properties 类中,因而配置文件能配置什么属性可以参照某个功能对应的属性类。如 HttpEncodingProperties 类定义如下:

```
@ConfigurationProperties(prefix = "spring.http.encoding")  //从配置文件中获取指定的
值和 Bean 的属性进行绑定
public class HttpEncodingProperties {
  public static final Charset DEFAULT_CHARSET = Charset.forName("UTF-8");
```

Spring Boot 启动时,会通过@EnableAutoConfiguration 注解找到 META-INF/spring.factories 配置文件中的所有自动配置类,并加载这些自动配置类,这些自动配置类都是以 AutoConfiguration 结尾来命名的,每一个自动配置类实际上都是一个 JavaConfig 形式的 Spring 容器配置类,它们能从以 Properties 结尾命名的类中取得在全局配置文件中配置的属性,如:server.port,而 XxxxProperties 类是通过@ConfigurationProperties 注解与全局配置文件中对应的属性进行绑定的。

1.3 Spring Boot 日志

1.3.1 日志框架介绍

在系统开发中,日志是很重要的一个环节。日志写得好对于我们开发调试、线上问题追踪等都有很大的帮助。但使用日志并不是简单的输出信息,需要考虑很多问题,比如日志输出的速度、日志输出对于系统内存、CPU 的影响等,为此出现了很多日志框架,以帮助开发者解决日志系统面临的这些问题。

比较常用的日志有 Log4j、SLF4J、commons-logging、logback。当然，JDK 本身也提供了 java.util.logging 包来提供对日志的支持，下面是常见的日志框架。

（1）commons-ogging：是 Apache 最早提供的日志门面接口。它的主要作用是提供一个日志门面，这样用户就可以使用不同的日志。用户可以自由选择第三方的日志组件，像 Log4j，或者 JDK 自带的 logging。common-logging 会通过动态查找的机制，在程序运行时自动找出真正使用的日志库。common-logging 内部有一个 Simple logger 的简单实现，但是功能很弱。

（2）SLF4J：是 Simple Logging Facade for Java 的简称，即 Java 的简单日志门面。类似于 Apache common-logging，是对不同日志框架提供的一个门面封装，在部署的时候不修改任何配置即可接入一种日志实现方案。但是，它需要在编译时静态绑定真正的 Log 库。使用 SLF4J 时，如果需要使用某一种日志的具体实现，那么我们必须选择正确的 SLF4J 的 jar 包的集合（各种桥接包）。

（3）Log4j：经典的一种日志实现方案，也是 Apache 的一个开放源码项目。Log4j 内部把日志系统抽象并封装成 logger、appender、pattern 等实现。我们可以通过配置文件轻松地实现日志系统的管理和多样化配置。通过使用 Log4j，我们可以控制日志信息输送的目的地是控制台、文件、GUI 组件、甚至是套接口服务器、NT 的事件记录器、UNIX Syslog 守护进程等。用户也可以控制每一条日志的输出格式，通过定义每一条日志信息的级别，用户能够更加精细地控制日志的生成过程。这些都可以通过一个配置文件来灵活地进行配置，而不需要修改程序代码。

（4）logback：也是一种日志的实现方案。logback 是由 Log4j 创始人设计的又一个开源日志组件。logback 分成三个模块：logback-core、logback-classic 和 logback-access。logback-core 是其他两个模块的基础模块。logback-classic 是 Log4j 的一个改良版本。此外，logback-classic 完整实现了 SLF4J API，使我们可以很方便地更换成其他日志系统，如 Log4j 或 JDK14Logging。logback-access 访问模块可以与 Servlet 容器集成，提供了通过 HTTP 来访问日志的功能。

各个框架之间的关系

对于上述的日志框架，在开发过程中我们更多关注的是它们各自的用法，尤其是它们之间的搭配组合，所以必须理清它们之间的关系：

（1）commons-logging 和 SLF4J 是 Java 中的日志门面，它们提供了一套通用的接口，具体的实现可以由开发者自由选择。Log4j 和 logback 则是具体的日志实现方案。

（2）它们可以理解为接口与实现类的关系。

（3）四个框架都可以在程序中使用，但是为了考虑扩展性，一般在程序开发时，我们会选择使用 commons-logging 或者 SLF4J 这些日志门面，而不是直接使用 Log4j 或者 logback 这些实现方案。也就是说，我们编写代码时导入的类一般都是来自门面框架中的类，然后将某个日志的实现框架加入到项目中，以提供真正的日志输出功能。

（4）比较常用的搭配是 commons-logging+Log4j 或者 SLF4J+logback。

Spring Boot 框架选用的是 SLF4J 和 logback。

1.3.2 SLF4J 的使用

1. 如何在系统中使用 SLF4J

在开发的时候，对于日志记录方法的调用，不应该直接调用日志的实现类，而是调用日志抽象层里面的方法。

首先把 SLF4J 的 jar 和 logback 的实现 jar 导入到系统中，在类中的具体使用方式如下：

```
import org.slf4j.Logger;
import org.slf4j.LoggerFactory;
public class HelloWorld {
    public static void main(String[] args) {
        Logger logger = LoggerFactory.getLogger(HelloWorld.class);
        logger.info("Hello World");
    }
}
```

每一个日志的实现框架都有自己的配置文件。使用 SLF4J 以后，配置文件还是编写成日志实现框架自身的配置文件，如 Log4j 有自己的默认配置文件。

2. 统一项目日志记录

在我们日常开发使用的框架中，往往都会引入一个日志框架来辅助输出框架信息。然而框架之间由于历史迭代的原因以及框架性能等问题，选择的日志框架也不一样，常见的框架与默认选择的日志系统关系如下：Spring（commons-logging）、Hibernate（jboss-logging）、MyBatis 等。

开发常用的框架，如 Spring、MyBatis 等使用的框架都是框架开发者自己选择的。如果我们每开发一个框架就引入一个日志系统，最终需要打印日志的时候，就会出现使用 n 种日志系统的平台，并且每一种日志打印的格式、内容和性能都需要手动去控制，这样不仅让项目变大，而且增加了项目的复杂度，对性能也有很大的影响。

官方建议的方案是，针对不同的日志框架，开发一套适配兼容的框架与之对应，使用这些兼容 jar 来替代原来的日志框架即可，例如 Log4j 日志框架，与之对应的就是 log4j-over-slf4j.jar。对于常见的日志框架，SLF4J 团队实现了一套与之对应的基于 SLF4J 的兼容框架，在使用 Spring Boot 的时候，我们会发现官方默认使用 spring-boot-starter-logging 这个 Starter 来引入日志系统，图 1-4 为展开的该依赖的依赖图。

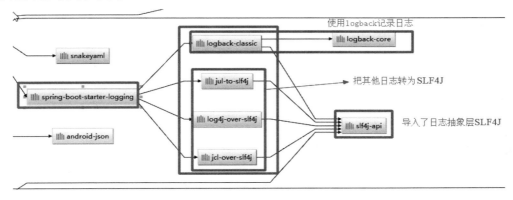

图 1-4

可以看到 spring-boot-starter-logging 这个 Starter 中，引入了四个日志实例的依赖，分别是 logback 和我们前面提到的日志兼容 jar 的依赖，并且最终引入了 SLF4J 的日志门面的依赖，以实现统一的日志处理。这里，为什么引入了兼容的 jar 就能解决日志输出的问题呢，下面展开其中几个兼容的 jar 包，如图 1-5 所示。

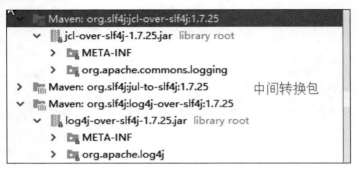

图 1-5

原来这些日志兼容包的包名与原来的日志框架的包名完全一样，并且完全按照 SLF4J 的方式实现了一套和以前一样的 API。因此，依赖这些日志框架的开源框架在运行的时候查找对应包名下的 class 也不会报错，但熟悉 Java 类加载机制的开发人员都知道，两个 jar 的包名以及使用的 class 都一样的话，加载会出现异常，我们进入 spring-boot-starter-logging 的 pom 依赖中一探究竟，最后在 Maven 依赖中发现了端倪，Spring 框架使用的是 commons-logging，而在 spring-boot-starter-logging 中已经将 Spring 的日志依赖排除掉了，如下：

```xml
<dependency>
    <groupId>org.springframework</groupId>
    <artifactId>spring-core</artifactId>
    <exclusions>
      <exclusion>
        <groupId>commons-logging</groupId>
        <artifactId>commons-logging</artifactId>
      </exclusion>
    </exclusions>
</dependency>
```

这样 Spring 框架在运行时使用的就是兼容 jar 的日志实例了。

总的来说，在 Spring Boot 项目中要做到统一日志记录，需要按照以下步骤：

（1）将系统中其他日志框架先排除出去。
（2）用中间包来替换原有的日志框架。
（3）导入 SLF4J 其他的实现。

1.3.3　Spring Boot 中日志的使用

本节对应的示例代码在本章案例源码文件夹下，项目名称是 spring-boot-03-logging。

1. 默认配置

Spring Boot 默认帮我们配置好了日志,使用方式如下:

```java
//记录器
Logger logger = LoggerFactory.getLogger(getClass());
@Test
public void contextLoads() {
    //System.out.println();
    //日志的级别
    //由低到高 trace<debug<info<warn<error
    //可以调整输出的日志级别;之后在这个日志级别或更高的日志级别才会生效
    logger.trace("这是trace日志...");
    logger.debug("这是debug日志...");
    //SpringBoot默认使用的是info级别的日志,没有指定级别的就用Spring Boot默认规定的日志级别;root级别
    logger.info("这是info日志...");
    logger.warn("这是warn日志...");
    logger.error("这是error日志...");   }
```

日志输出格式:

- %d:表示日期时间。
- %thread:表示线程名。
- %-5level:从左边开始用 5 个字符宽度显示日志级别。
- %logger{50}:表示 logger 名字最长 50 个字符,否则按照句点分割。
- %msg:日志消息。
- %n:换行符。

Spring Boot 可以修改日志的默认配置、日志文件的指定路径、打印日志格式、日志级别等,具体如下:

示例代码 1-13   application .properties

```properties
logging.level.com.spring=trace
#logging.path=
# 不指定路径时,就在当前项目下生成springboot.log日志
# 可以指定完整的路径
#logging.file=G:/springboot.log
# 在当前磁盘的根路径下创建spring文件夹及其下面的log子文件夹;使用 spring.log 作为默认文件
logging.path=/spring/
#   在控制台输出日志的格式
logging.pattern.console=%d{yyyy-MM-dd} [%thread] %-5level %logger{50} - %msg%n
# 指定文件中日志输出的格式
logging.pattern.file=%d{yyyy-MM-dd} === [%thread] === %-5level === %logger{50} ==== %msg%n
```

2. 指定配置

可以不使用 Spring Boot 默认的日志配置，改用所选日志框架自己的配置文件。只需要在类路径下存放好每个日志框架自己的配置文件，Spring Boot 就不再使用自己默认的配置了。不同日志框架的配置文件命名如表 1-2 所示。

表1-2 不同日志框架对应配置文件的文件名

日志系统	定制化
logback	logback-spring.xml、logback-spring.groovy、logback.xml、logback.groovy
Log4j2	log4j2-spring.xml、log4j2.xml
JDK (Java Util Logging)	logging.properties

logback.xml：日志框架默认识别该文件。

logback-spring.xml：日志框架不直接加载日志的配置项，由 Spring Boot 解析日志配置，可以使用 Spring Boot 的高级 profile 功能。

```xml
<springProfile name="staging">
    <!-- configuration to be enabled when the "staging" profile is active -->
    可以指定某段配置只在某个环境下生效
</springProfile>
```

如：

```xml
<appender name="stdout" class="ch.qos.logback.core.ConsoleAppender">
    <!--
        日志输出格式：
        %d：表示日期时间
        %thread：表示线程名
        %-5level：从左边开始用 5 个字符宽度显示日志级别
        %logger{50}：表示 logger 名字最长 50 个字符，否则按照句点分割
        %msg：日志消息
        %n：换行符
    -->
    <layout class="ch.qos.logback.classic.PatternLayout">
        <springProfile name="dev">
            <pattern>%d{yyyy-MM-dd HH:mm:ss.SSS} ----> [%thread] ---> %-5level %logger{50} - %msg%n</pattern>
        </springProfile>
        <springProfile name="!dev">
            <pattern>%d{yyyy-MM-dd HH:mm:ss.SSS} ==== [%thread] ==== %-5level %logger{50} - %msg%n</pattern>
        </springProfile>
    </layout>
</appender>
```

如果使用 logback.xml 作为日志配置文件，还要使用 profile 功能，否则会提示以下错误：no applicable action for [springProfile]。

1.3.4 切换日志框架

根据 1.3.2 小节所讲的内容，Spring Boot 选用 SLF4J 和 logback，其中 SLF4J 作为日志门面，logback 作为日志实现，可以按照 SLF4J 的日志适配图进行相关的切换。企业开发中可供使用的日志实现框架很多，这里建议大家选用 Log4j2。Log4j2 已经不仅仅是 Log4j 的一个升级版本了，它从头到尾都被重写了，相比于其他的日志系统，Log4j2 丢数据这种情况很少发生；它使用了 disruptor 技术，在多线程环境下，性能比 logback 高 10 倍以上；它利用 JDK 1.5 并发的特性，减少了死锁的发生。下面看一下整合步骤：

（1）Spring Boot 默认采用 logback 的日志框架，所以需要排除 logback，不然会出现 jar 依赖冲突的错误。

示例代码 1-14　pom.xml（文件的部分代码）

```xml
<dependency>
    <groupId>org.springframework.boot</groupId>
    <artifactId>spring-boot-starter-web</artifactId>
    <exclusions><!-- 去掉 springboot 默认配置 -->
        <exclusion>
            <groupId>org.springframework.boot</groupId>
            <artifactId>spring-boot-starter-logging</artifactId>
        </exclusion>
    </exclusions>
</dependency>

<dependency> <!-- 引入 log4j2 依赖 -->
    <groupId>org.springframework.boot</groupId>
    <artifactId>spring-boot-starter-log4j2</artifactId>
</dependency>
```

（2）如果自定义了日志配置文件名，需要在 application.properties 中进行设置：

```
logging.config=classpath:log4j2.xml
```

配置文件默认名称如果是 log4j2-spring.xml，则可以不在 application.yml 中进行设置。

（3）日志配置文件模板。

Log4j 通过一个 .properties 的文件作为主配置文件，而现在的 Log4j2 则已经弃用了这种方式，采用的是 .xml、.json 或者 .jsn 这种方式来做配置文件，这也是技术发展的必然性，因为 properties 文件的可阅读性不太好。这里给出一个 .xml 格式的参考模板，大家可以参考来写。

```xml
<?xml version="1.0" encoding="UTF-8"?>
<!--Configuration 后面的 status，这个用于设置 Log4j2 自身内部的信息输出，可以不设置，当设置成 trace 时，我们会看到 Log4j2 内部各种详细输出-->
<!--monitorInterval: Log4j 能够自动检测修改配置文件和重新配置本身，设置间隔秒数-->
<configuration monitorInterval="5">
    <!--日志级别以及优先级排序: OFF > FATAL > ERROR > WARN > INFO > DEBUG > TRACE > ALL
```

```xml
-->
    <!--变量配置-->
    <Properties>
        <!-- 格式化输出：%date：表示日期，%thread：表示线程名，%-5level：级别从左显示 5 个
字符宽度 %msg：日志消息，%n：是换行符-->
        <!-- %logger{36} 表示 logger 名字最长 36 个字符 -->
        <property name="LOG_PATTERN" value="%date{HH:mm:ss.SSS} [%thread] %-5level %logger{36} - %msg%n" />
        <!-- 定义日志存储的路径 -->
        <property name="FILE_PATH" value="更换为你的日志路径" />
        <property name="FILE_NAME" value="更换为你的项目名" />
    </Properties>
    <appenders>
        <console name="Console" target="SYSTEM_OUT">
            <!--输出日志的格式-->
            <PatternLayout pattern="${LOG_PATTERN}"/>
            <!--控制台只输出level及其以上级别的信息(onMatch)，其他的直接拒绝(onMismatch)-->
            <ThresholdFilter level="info" onMatch="ACCEPT" onMismatch="DENY"/>
        </console>
        <!--文件会打印出所有信息，这个 log 每次运行程序会自动清空，由 append 属性决定，适合临时测试用-->
        <File name="Filelog" fileName="${FILE_PATH}/test.log" append="false">
            <PatternLayout pattern="${LOG_PATTERN}"/>
        </File>
        <!-- 这个会打印出所有的 info 及以下级别的信息，每次大小超过 size，则这 size 大小的日志
会自动存入按年份-月份建立的文件夹下面并进行压缩，作为存档-->
        <RollingFile name="RollingFileInfo" fileName="${FILE_PATH}/info.log"
filePattern="${FILE_PATH}/${FILE_NAME}-INFO-%d{yyyy-MM-dd}_%i.log.gz">
            <!--控制台只输出level及以上级别的信息（onMatch），其他的直接拒绝（onMismatch）-->
            <ThresholdFilter level="info" onMatch="ACCEPT" onMismatch="DENY"/>
            <PatternLayout pattern="${LOG_PATTERN}"/>
            <Policies>
                <!--interval属性用来指定多久滚动一次，默认是 1 hour-->
                <TimeBasedTriggeringPolicy interval="1"/>
                <SizeBasedTriggeringPolicy size="10MB"/>
            </Policies>
            <!-- DefaultRolloverStrategy 属性如不设置，则默认为最多同一文件夹下 7 个文件开始覆盖-->
            <DefaultRolloverStrategy max="15"/>
        </RollingFile>
        <!-- 这个会打印出所有的 warn 及以下级别的信息，每次大小超过 size，则这 size 大小的日志
会自动存入按年份-月份建立的文件夹下面并进行压缩，作为存档-->
        <RollingFile name="RollingFileWarn" fileName="${FILE_PATH}/warn.log"
filePattern="${FILE_PATH}/${FILE_NAME}-WARN-%d{yyyy-MM-dd}_%i.log.gz">
```

```xml
        <!--控制台只输出level及以上级别的信息(onMatch),其他的直接拒绝(onMismatch)
-->
        <ThresholdFilter level="warn" onMatch="ACCEPT" onMismatch="DENY"/>
        <PatternLayout pattern="${LOG_PATTERN}"/>
        <Policies>
            <!--interval属性用来指定多久滚动一次,默认是1 hour-->
            <TimeBasedTriggeringPolicy interval="1"/>
            <SizeBasedTriggeringPolicy size="10MB"/>
        </Policies>
        <!-- DefaultRolloverStrategy属性如不设置,则默认为最多同一文件夹下7个文件开始覆盖-->
        <DefaultRolloverStrategy max="15"/>
    </RollingFile>
    <!-- 这个会打印出所有的error及以下级别的信息,每次大小超过size,则这size大小的日志会自动存入按年份-月份建立的文件夹下面并进行压缩,作为存档-->
    <RollingFile name="RollingFileError" fileName="${FILE_PATH}/error.log" filePattern="${FILE_PATH}/${FILE_NAME}-ERROR-%d{yyyy-MM-dd}_%i.log.gz">
        <!--控制台只输出level及以上级别的信息(onMatch),其他的直接拒绝(onMismatch)
-->
        <ThresholdFilter level="error" onMatch="ACCEPT" onMismatch="DENY"/>
        <PatternLayout pattern="${LOG_PATTERN}"/>
        <Policies>
            <!--interval属性用来指定多久滚动一次,默认是1 hour-->
            <TimeBasedTriggeringPolicy interval="1"/>
            <SizeBasedTriggeringPolicy size="10MB"/>
        </Policies>
        <!-- DefaultRolloverStrategy属性如不设置,则默认为最多同一文件夹下7个文件开始覆盖-->
        <DefaultRolloverStrategy max="15"/>
    </RollingFile>
</appenders>
<!--logger节点用来单独指定日志的形式,比如要为指定包下的class指定不同的日志级别等。-->
<!--然后定义loggers,只有定义了logger并引入的appender,appender才会生效-->
<loggers>
    <!--过滤掉spring和mybatis的一些无用的DEBUG信息-->
    <logger name="org.mybatis" level="info" additivity="false">
        <AppenderRef ref="Console"/>
    </logger>
    <!--监控系统信息-->
    <!--若是additivity设为false,则子Logger只会在自己的appender里输出,而不会在 父Logger的appender里输出-->
    <Logger name="org.springframework" level="info" additivity="false">
        <AppenderRef ref="Console"/>
    </Logger>
    <root level="info">
        <appender-ref ref="Console"/>
```

```xml
            <appender-ref ref="Filelog"/>
            <appender-ref ref="RollingFileInfo"/>
            <appender-ref ref="RollingFileWarn"/>
            <appender-ref ref="RollingFileError"/>
        </root>
    </loggers>
</configuration>
```

配置模板文件中部分参数解释如下:

(1) 根节点 Configuration, 有两个属性, 分别是 status 和 monitorinterval:

- Status: 用来指定 Log4j 本身的打印日志的级别。
- Monitorinterval: 用于指定 Log4j 自动重新配置的监测间隔时间,单位是 s,最小是 5s。

(2) 有两个子节点: Appenders 和 Loggers (表明可以定义多个 Appender 和 Logger)。Appenders 节点常见的有三个子节点: Console、RollingFile、File。

- Console 节点: 用来定义输出到控制台的 Appender, 其属性有:
    - name: 指定 Appender 的名字。
    - target: SYSTEM_OUT 或 SYSTEM_ERR, 一般只设置默认值 SYSTEM_OUT。
    - PatternLayout: 输出格式, 不设置则默认为%m%n。
- File 节点: 用来定义输出到指定位置的文件的 Appender。属性有:
    - name: 指定 Appender 的名字。
    - fileName: 指定输出日志的目的文件带全路径的文件名。
    - PatternLayout: 输出格式, 不设置则默认为%m%n。
- RollingFile 节点: 用来定义超过指定条件自动删除旧的创建新的 Appender, 属性有:
    - name: 指定 Appender 的名字。
    - fileName: 指定输出日志的目的文件带全路径的文件名。
    - PatternLayout: 输出格式, 不设置则默认为%m%n。
    - filePattern: 指定当发生 Rolling 时, 文件的转移和重命名规则。

(3) Loggers 节点, 常见的有两种: Root 和 Logger。

- Root 节点: 用来指定项目的根日志, 如果没有单独指定 Logger, 那么就会默认使用该 Root 日志输出。
    - level: 日志输出级别, 共有 8 个级别, 按照从低到高排列为: All < Trace < Debug < Info < Warn < Error < Appender。
    - Ref: Root 的子节点, 用来指定该日志输出到哪个 Appender。
- Logger 节点: 用来单独指定日志的形式, 比如, 为指定包下的 class 指定不同的日志级别。
    - AppenderRef: Logger 的子节点, 用来指定该日志输出到哪个 Appender, 如果没有指定, 就会默认继承自 Root; 如果指定了, 那么会在指定的这个 Appender 和 Root 的 Appender 中都会输出, 此时我们可以设置 Logger 的 additivity="false", 只在自定义的 Appender 中进行输出。

本节案例中的 log4j2.xml 代码如下所示：

示例代码 1-15　log4j2.xml

```xml
<?xml version="1.0" encoding="UTF-8"?>
<configuration status="WARN">
    <!--全局参数-->
    <Properties>
        <Property name="pattern">%d{yyyy-MM-dd HH:mm:ss,SSS} %5p %c{1}:%L - %m%n</Property>
    </Properties>
    <Loggers>
        <Root level="INFO">
            <AppenderRef ref="console"></AppenderRef>
            <!--<AppenderRef ref="rolling_file"></AppenderRef>-->
        </Root>
        <!--只将 com.kk.springboot.demo 写到文件-->
        <Logger name="com.mrchi.springboot" level="info">
            <AppenderRef ref="file"></AppenderRef>
        </Logger>
    </Loggers>
    <Appenders>
        <Console name="console" target="SYSTEM_OUT" follow="true">
            <!--控制台只输出 level 及以上级别的信息-->
            <!-- <ThresholdFilter level="INFO" onMatch="ACCEPT" onMismatch="DENY"/>-->
            <PatternLayout>
                <Pattern>${pattern}</Pattern>
            </PatternLayout>
        </Console>
        <!-- 同一来源的 Appender 可以定义多个 RollingFile，定义按天存储日志 -->
        <RollingFile name="rolling_file"
                fileName="${log4j2.root.path}.log"
                filePattern="${log4j2.root.path}_%d{yyyy-MM-dd}.log">
            <ThresholdFilter level="INFO" onMatch="ACCEPT" onMismatch="DENY"/>
            <PatternLayout>
                <Pattern>${pattern}</Pattern>
            </PatternLayout>
            <Policies>
                <TimeBasedTriggeringPolicy interval="1"/>
                <!--<SizeBasedTriggeringPolicy size="1 KB"/>-->
            </Policies>
        </RollingFile>
        <File name="file" fileName="${log4j2.package.path}.log">
            <!--&lt;!&ndash;控制台只输出 level 及以上级别的信息（onMatch），其他的直接拒绝（onMismatch） &ndash;&gt;-->
            <ThresholdFilter level="DEBUG" onMatch="ACCEPT" onMismatch="DENY"/>
```

```
        <PatternLayout>
            <Pattern>${pattern}</Pattern>
        </PatternLayout>
    </File>
  </Appenders>
</configuration>
```

（4）Log4j2 框架的使用方式。

与其他日志框架使用方式差不多，简单的使用方式如下：

```
private static final org.slf4j.Logger log =
org.slf4j.LoggerFactory.getLogger(LogExampleOther.class);
  public static void main(String... args) {
    log.error("Something else is wrong here");
  }
```

1.4　Spring Boot 错误处理机制

1.4.1　Spring Boot 默认的错误处理机制

如果没有进行特别配置，Spring Boot 在页面出错时，默认效果基本是以下情况：

（1）浏览器返回一个默认的错误页面如图 1-6 所示。

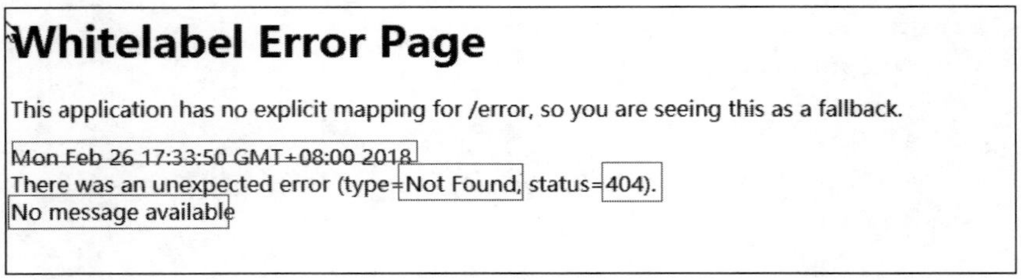

图 1-6

浏览器发送请求的请求头如图 1-7 所示。

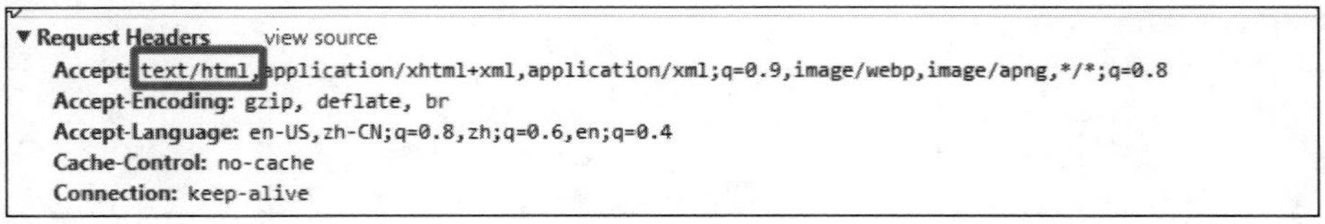

图 1-7

（2）如果是其他客户端，默认响应一个 JSON 数据，如图 1-8 和图 1-9 所示。

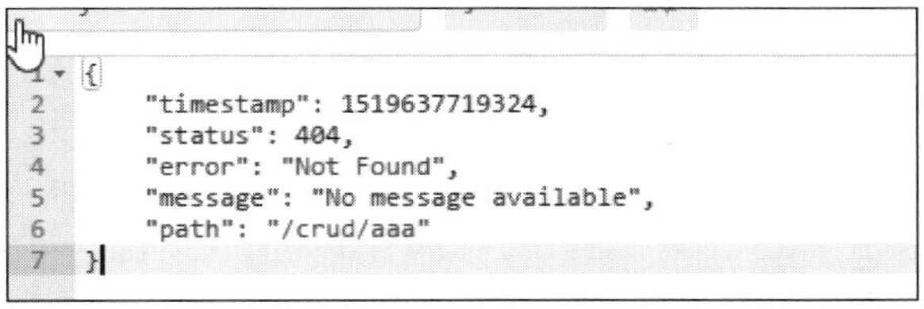

```
{
    "timestamp": 1519637719324,
    "status": 404,
    "error": "Not Found",
    "message": "No message available",
    "path": "/crud/aaa"
}
```

图 1-8

```
Request Headers:
    cache-control: "no-cache"
    postman-token: "b34bebc4-07a5-4c20-8f3f-952f3daec38f"
    user-agent: "PostmanRuntime/7.1.1"
    accept: "*/*"
    host: "localhost:8080"
    cookie: "JSESSIONID=DDB37833549894367D63323D1F21957C; JSESSIONID=1BBFE9718FD6(
    accept-encoding: "gzip, deflate"
```

图 1-9

出现上述错误页面的原因是：Spring Boot 中的 ErrorMvcAutoConfiguration 类负责错误处理的自动配置。该注解给容器中添加了以下组件。

（1）DefaultErrorAttributes

这个组件帮助我们在页面共享信息：

```java
@Override
public Map<String, Object> getErrorAttributes(RequestAttributes requestAttributes,
boolean includeStackTrace) {
    Map<String, Object> errorAttributes = new LinkedHashMap<String, Object>();
    errorAttributes.put("timestamp", new Date());
    addStatus(errorAttributes, requestAttributes);
    addErrorDetails(errorAttributes, requestAttributes, includeStackTrace);
    addPath(errorAttributes, requestAttributes);
    return errorAttributes;
}
```

（2）BasicErrorController 处理默认/error 请求

```java
@Controller
@RequestMapping("${server.error.path:${error.path:/error}}")
public class BasicErrorController extends AbstractErrorController {

    @RequestMapping(produces = "text/html")//产生 html 类型的数据；浏览器发送的请求来到这个方法处理
    public ModelAndView errorHtml(HttpServletRequest request,
            HttpServletResponse response) {
        HttpStatus status = getStatus(request);
        Map<String, Object> model =
Collections.unmodifiableMap(getErrorAttributes(
                request, isIncludeStackTrace(request, MediaType.TEXT_HTML)));
```

```
        response.setStatus(status.value());
    //去哪个页面作为错误页面；包含页面地址和页面内容
        ModelAndView modelAndView = resolveErrorView(request, response, status,
model);
        return (modelAndView == null ? new ModelAndView("error", model) :
modelAndView);
    }
    @RequestMapping
    @ResponseBody    //产生 JSON 数据，其他客户端来用这个方法处理
    public ResponseEntity<Map<String, Object>> error(HttpServletRequest request)
{
        Map<String, Object> body = getErrorAttributes(request,
                isIncludeStackTrace(request, MediaType.ALL));
        HttpStatus status = getStatus(request);
        return new ResponseEntity<Map<String, Object>>(body, status);
    }
```

通过类上的@RequestMapping 注解可以知道，Spring Boot 默认的错误处理映射路径/error 是从 errorHtml 方法上面的注解 @RequestMapping(produces = "text/html")可以知道这个方法是返回错误页面的，从 error 方法上面的注解 @ResponseBody 可以知道这个方法是返回错误 JSON 数据的。

在处理错误请求时，调用父类的 getErrorAttributes 方法来获取错误信息，调用父类的 resolveErrorView 解析错误视图。

（3）ErrorPageCustomizer

```
@Value("${error.path:/error}")
private String path = "/error";
```

系统出现错误以后，转到 error 请求进行处理，该路径可以自定义。

（4）DefaultErrorViewResolver

```
@Override
    public ModelAndView resolveErrorView(HttpServletRequest request, HttpStatus
status,
        Map<String, Object> model) {
        ModelAndView modelAndView = resolve(String.valueOf(status), model);
        if (modelAndView == null && SERIES_VIEWS.containsKey(status.series())) {
            modelAndView = resolve(SERIES_VIEWS.get(status.series()), model);
        }
        return modelAndView;
    }

    private ModelAndView resolve(String viewName, Map<String, Object> model) {
        //默认 SpringBoot 可以去找到一个页面？  error/404
        String errorViewName = "error/" + viewName;
        //模板引擎可以解析这个页面地址就用模板引擎解析
        TemplateAvailabilityProvider provider =
```

```java
this.templateAvailabilityProviders
            .getProvider(errorViewName, this.applicationContext);
    if (provider != null) {
        //模板引擎可用的情况下返回到 errorViewName 指定的视图地址
        return new ModelAndView(errorViewName, model);
    }
    //模板引擎不可用,就在静态资源文件夹下找 errorViewName 对应的页面 error/404.html
    return resolveResource(errorViewName, model);
}
```

系统页面出现错误时,ErrorPageCustomizer 就会生效(定制错误的响应规则),然后会转到/error 请求,被 BasicErrorController 处理。出错后的响应页面,是由 DefaultErrorViewResolver 解析得到的、进入 ErrorViewResolver 的 resolveErrorView 方法提供的。ErrorViewResolver 主要用于解析错误视图,通过这个类,可以通过错误请求的 HttpStatus 错误代码将 template 文件夹下的 error/HttpStatus.html 文件解析成我们想要的视图。如果 template 下没有对应的文件,Spring Boot 还会到静态资源文件夹下查找对应的 HTML 文件。

1.4.2 定制错误响应

1. 如何定制错误的页面

(1)有模板引擎的情况下,将错误页面命名为"错误状态码.html"放在模板引擎文件夹里面的 error 文件夹下,发生此状态码的错误就会转到对应的页面,我们可以使用 4xx 和 5xx 作为错误页面的文件名,来匹配这种类型的所有错误,匹配时精确优先(优先寻找精确的状态码.html 文件)。

页面能获取的信息:

- timestamp: 时间戳。
- status: 状态码。
- error: 错误提示。
- exception: 异常对象。
- message: 异常消息。
- errors: JSR303 数据校验的错误都在这里。

(2)没有模板引擎(模板引擎找不到这个错误页面),就到静态资源文件夹下查找。

(3)以上都没有错误页面,就是默认转到 Spring Boot 默认的错误提示页面。

2. 如何定制错误的 JSON 数据

(1)自定义异常处理与返回定制的 JSON 数据

```java
@ControllerAdvice
public class MyExceptionHandler {
    @ResponseBody
    @ExceptionHandler(UserNotExistException.class)
    public Map<String, Object> handleException(Exception e){
        Map<String, Object> map = new HashMap<>();
```

```java
        map.put("code", "user.notexist");
        map.put("message", e.getMessage());
        return map;
    }
}
//没有自适应效果...
```

（2）转发到/error进行自适应响应效果处理

```java
@ExceptionHandler(UserNotExistException.class)
    public String handleException(Exception e, HttpServletRequest request){
        Map<String, Object> map = new HashMap<>();
        //传入我们自己的错误状态码  4xx 5xx,否则就不会进入定制错误页面的解析流程
        /**
         * Integer statusCode = (Integer) request
         .getAttribute("javax.servlet.error.status_code");
         */
        request.setAttribute("javax.servlet.error.status_code", 500);
        map.put("code", "user.notexist");
        map.put("message", e.getMessage());
        //转发到/error
        return "forward:/error";
    }
```

3. 将我们的定制数据携带出去

出现错误以后，/error 请求会被 BasicErrorController 处理，响应页面中可以获取的数据是由 getErrorAttributes 得到的。getErrorAttributes 是 AbstractErrorController（ErrorController）规定的方法。

编写一个 ErrorController 的实现类，或者编写 AbstractErrorController 的子类，放在容器中。

页面上能用的数据，或者是 JSON 返回能用的数据，都通过 errorAttributes.getErrorAttributes() 得到。

容器中有个 DefaultErrorAttributes.getErrorAttributes()，设计该方法的目的主要是为了进行数据处理，开发中我们结合具体情况可以对该方法进行重写。

自定义 ErrorAttributes 代码如下：

```java
//在容器中加入我们自定义的ErrorAttributes
@Component
public class MyErrorAttributes extends DefaultErrorAttributes {

    @Override
    public Map<String, Object> getErrorAttributes(RequestAttributes requestAttributes, boolean includeStackTrace) {
        Map<String, Object> map = super.getErrorAttributes(requestAttributes, includeStackTrace);
        map.put("company", "spring");
        return map;
```

        }
}

响应是自适应的，可以通过定制 ErrorAttributes 改变需要返回的内容。

1.5　Spring Boot 搭建微服务实战

接下来，我们使用 Spring Boot 来搭建一个微服务程序，程序的结构如图 1-10 所示。

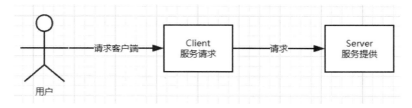

图 1-10

1.5.1　Server 端程序开发

1. 创建 Server 项目，并添加依赖

首先新建一个 Project，使用 Spring Initializr 来引入依赖，如图 1-11 所示。

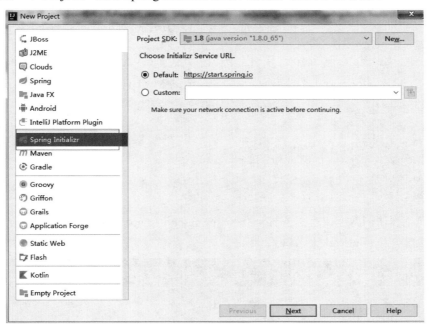

图 1-11

点击"Next"按钮，在新窗口关于项目描述的栏目中填入以下信息：

- Group：输入项目的包名。
- Aritifact：输入项目的名称。
- Version：版本信息，默认 0.0.1-SNAPSHOT。

其他信息默认即可。

2. 引入依赖，完善配置文件

填入项目信息之后，需要在项目中添加依赖，勾选 Spring Web 模块，如图 1-12 所示。

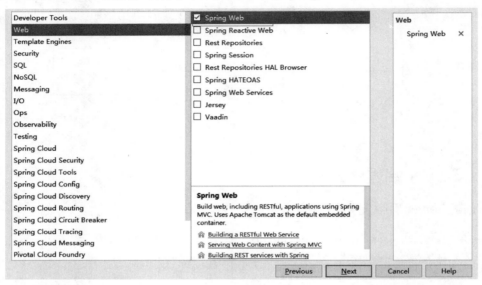

图 1-12

导入以后，建议在 pom.xml 文件后面，添加 aliyun 的 Maven 仓库地址，可以更快地下载依赖：

```xml
<repositories>
    <repository>
        <id>aliyunmaven</id>
        <url>http://maven.aliyun.com/nexus/content/groups/public/</url>
    </repository>
</repositories>
```

因为案例需要访问数据库表，还需要引入 spring-boot-starter-data-jpa、com.h2database 等依赖包，完整依赖部分的 pom.xml 代码如下所示：

示例代码 1-16　pom.xml

```xml
<dependencies>
  <dependency>
    <groupId>org.springframework.boot</groupId>
    <artifactId>spring-boot-starter</artifactId>
  </dependency>
```

```xml
<dependency>
    <groupId>org.springframework.boot</groupId>
    <artifactId>spring-boot-starter-data-jpa</artifactId>
</dependency>
<dependency>
    <groupId>org.springframework.boot</groupId>
    <artifactId>spring-boot-starter-web</artifactId>
</dependency>

<dependency>
    <groupId>com.h2database</groupId>
    <artifactId>h2</artifactId>
    <scope>runtime</scope>
</dependency>
<dependency>
    <groupId>org.springframework.boot</groupId>
    <artifactId>spring-boot-starter-test</artifactId>
    <scope>test</scope>
</dependency>
</dependencies>
```

3. 开发 SQL 语句

在 classpath 下添加两个文件：

- schema.sql：是默认创建数据表的 SQL 文件。
- data.sql：是默认初始化数据的 SQL 文件。

两个文件在项目中的位置如图 1-13 所示。

图 1-13

本案例以电影数据为例，首先创建一张电影表 movie，并插入几条影片数据。

在 classpath:schema.sql 中添加以下内容：

示例代码 1-17　schema.sql

```sql
drop table movie if exists;
create table movie(
    id bigint generated by default as identity,
    name varchar(50),
```

```
    author varchar(50)
);
```

> **注 意**
>
> 本案例采用的数据库是 H2，H2 是一个用 Java 开发的嵌入式数据库，它本身只是一个类库，即只有一个 jar 文件，可以直接嵌入到应用项目中。Generated by default as identify 为 H2 的语法，意思是指 id 的值为自动生成。

在 classpsth:data.sql 中添加以下初始化数据：

```
insert into movie values(1，'红高粱'，'张艺谋');
insert into movie values(2，'让子弹飞一会儿'，'姜文');
```

4. 开发 JavaBean

开发与数据库表 movie 对应的实体类 Movie，代码如下：

示例代码 1-18　Movie.java

```java
package cn.mrchi.springcloud.entity;
//导入的包略...
@Entity
@Table(name="movie")
public class Movie {
    @Id
    @GeneratedValue(strategy=GenerationType.IDENTITY)
    private Long id;
    @Column
    private String name;
    @Column
    private String author;
//get/set 方法略...
}
```

5. 开发 DAO 接口

注意 DAO 接口是 JpaRepository 的子类，具体作用是访问数据库，代码如下：

示例代码 1-19　pom.xml

```java
package cn.mrchi.springcloud.repository;
//省略一些 imports...
@Repository(value="movieRepository")
public interface MovieRepository extends JpaRepository<Movie, Long> {
}
```

JpaRepository 接口包含 CRUD 等操作，来自于 Spring Data JPA。Spring Data JPA 是在实现了 JPA 规范的基础上封装的一套 JPA 应用框架。虽然 ORM 框架都实现了 JPA 规范，但是在不同的 ORM 框架之间切换，仍然需要编写不同的代码；而使用 Spring Data JPA 能够方便我们在不同的

ORM 框架之间进行切换，而不需要更改代码。Spring Data JPA 旨在通过统一 ORM 框架的访问持久层的操作，来提高开发效率。Spring Data JPA 提供了许多供开发者使用的接口，而 JpaRepository 是开发中最常使用的接口，主要继承了 PagingAndSortRepository，对返回值类型做了适配。

6. 开发 Service

业务层对应的 MovieService 代码如下：

示例代码 1-20　MovieService.java

```java
package cn.mrchi.springcloud.service;
import javax.annotation.Resource;
import org.springframework.stereotype.Service;
import cn.mrchi.springcloud.entity.Movie;
import cn.mrchi.springcloud.repository.MovieRepository;
@Service(value="movieService")
public class MovieService {
    /**
     * 使用@Autowaired 或者使用@Resource 都可以
     */
    @Resource(name="movieRepository")
    private MovieRepository movieRepository;
    public Movie findById(Long id) {
        //如果存在，则返回 Movie 对象，否则返回 null
        return movieRepository.findById(id).orElse(null);
    }
}
```

> **注　意**
>
> 需要将 movieRepository 注入到 Service。

7. 开发 Controller

最后开发控制层的 Controller 类，里面定义方法访问某个 id 对应的电影，代码如下：

示例代码 1-21　MovieController.java

```java
package cn.mrchi.springcloud.controller;
import javax.annotation.Resource;
import org.springframework.web.bind.annotation.GetMapping;
import org.springframework.web.bind.annotation.PathVariable;
import org.springframework.web.bind.annotation.RestController;
import cn.mrchi.springcloud.entity.Movie;
import cn.mrchi.springcloud.service.MovieService;
@RestController
public class MovieController {
    @Resource(name="movieService")
    private MovieService movieService;
```

```
    @GetMapping("/movie/{id}")
    public Movie findById(@PathVariable(name="id")Long id) {
        return movieService.findById(id);
    }
}
```

8. 修改配置文件

classpath 目录下的 application.properties 或 application.yml 都可以作为 Spring Boot 的配置文件。其中 application.yml 语言的操作更方便，且在开发环境下，还可以提示帮助。yml 配置文件在项目中位置如图 1-14 所示。

图 1-14

添加以下内容，注意缩进格式：

示例代码 1-22　application.yml（文件中部分代码）

```yaml
server:
  port: 6789
#以下配置数据库连接信息，使用 h2 内置的数据库
spring:
  jpa:
    database: h2
    generate-ddl: true
    show-sql: true
    hibernate:
      ddl-auto: none
logging:
  level:
    root: INFO
```

9. 现在修改启动类

修改类 SpringcloudMovieServerApplication，添加一些注解，代码如下：

示例代码 1-23　SpringcloudMovieServerApplication.java

```java
package cn.mrchi.springcloud.springcloudmovieserver;
import org.springframework.boot.SpringApplication;
```

```
import org.springframework.boot.autoconfigure.SpringBootApplication;
import org.springframework.boot.autoconfigure.domain.EntityScan;
import org.springframework.context.annotation.ComponentScan;
import org.springframework.data.jpa.repository.config.EnableJpaRepositories;
@SpringBootApplication
@ComponentScan(basePackages= {"cn.mrchi.springcloud"})
@EnableJpaRepositories(basePackages= {"cn.mrchi.springcloud.repository"})
@EntityScan(basePackages= {"cn.mrchi.springcloud.entity"})
public class SpringcloudMovieServerApplication {
    public static void main(String[] args) {
        SpringApplication.run(SpringcloudMovieServerApplication.class, args);
    }
}
```

@EntityScan 用来扫描和发现指定包及其子包中的 Entity 定义，@EnableJpaRepositories 用来扫描和发现指定包及其子包中的 Repository 定义。如果多处使用@EnableJpaRepositories，它们的 basePackages 集合不能有交集，并且要能覆盖所有需要的 Repository 定义。

10. 启动并访问

在 SpringcloudMovieServerApplication 类上右击，在弹出的快捷菜单中选择 Run 选项，如图 1-15 所示。

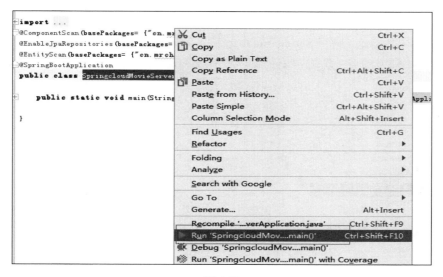

图 1-15

启动成功以后，显示如图 1-16 所示。

```
       |
     /\\ /  ___'_ __ _ _(_)_ __  __ _ \ \ \ \
    ( ( )\___ | '_ | '_| | '_ \/ _` | \ \ \ \
     \\/  ___)| |_)| | | | | || (_| |  ) ) ) )
      '  |____| .__|_| |_|_| |_\__, | / / / /
     =========|_|==============|___/=/_/_/_/
     :: Spring Boot ::        (v2.1.2.RELEASE)

Tomcat initialized with port(s): 6789 (http)
Starting service [Tomcat]
Starting Servlet engine: [Apache Tomcat/9.0.14]
```

图 1-16

访问：

```
http://localhost:6789/movie/1
http://localhost:6789/movie/2
```

显示结果：

```
{"id":2,"name":"让子弹飞一会儿","author":"姜文"}
```

至此，Spring Boot 程序已经开发完成了。

1.5.2 客户端程序开发

1. 创建项目

首先新建一个 Project，使用 Spring Initializr 来引入依赖，如图 1-17 所示。

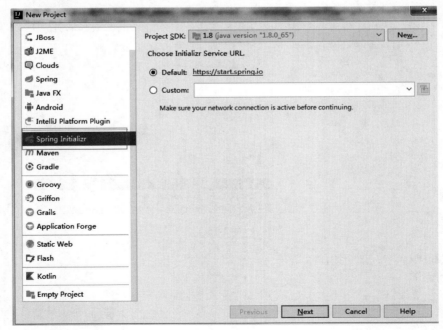

图 1-17

这里只需要 Web 模块即可，只涉及 Server 端的访问。

2. 创建 JavaBean

创建一个与 Server 端相同的 JavaBean，只是不需要添加 JPA 的注解。

示例代码 1-24　Movie.java

```java
package cn.mrchi.springcloud.entity;
public class Movie {
    private Long id;
    private String name;
private String author;
}
```

3. 创建 Controller

客户端 Controller 代码是通过 Restful 方式对服务端进行调用的，此处采用了 RestTemplate 类进行调用，具体代码如下：

示例代码 1-25　MovieClientController.java

```java
package cn.mrchi.springcloud.controller;
import javax.annotation.Resource;
import org.springframework.web.bind.annotation.GetMapping;
import org.springframework.web.bind.annotation.PathVariable;
import org.springframework.web.bind.annotation.RestController;
import org.springframework.web.client.RestTemplate;
import cn.mrchi.springcloud.entity.Movie;
@RestController
public class MovieClientController {
    //添加 RestTemplate，使用 Autowaried 或者使用@Resource 都可以
    @Resource(name="restTemplate")
    private RestTemplate restTemplate;
    @GetMapping("/movie/client/{id}")
    public Movie findById(@PathVariable Long id) {
        return restTemplate.getForObject("http://localhost:6789/movie/"+id,
Movie.class);
    }
}
```

上面的 URL 是通过硬编码写到代码中的，当然 URL 也可以配置到 application.yml 中，文件中添加如下内容：

```yaml
#用户配置
movie:
 url: http://localhost:6789/movie/
```

然后就可以在 Controller 中引用 movie.url 了，代码如下：

```java
package cn.mrchi.springcloud.controller;
import javax.annotation.Resource;
import org.springframework.beans.factory.annotation.Value;
import org.springframework.web.bind.annotation.GetMapping;
import org.springframework.web.bind.annotation.PathVariable;
import org.springframework.web.bind.annotation.RestController;
import org.springframework.web.client.RestTemplate;
import cn.mrchi.springcloud.entity.Movie;
@RestController
public class MovieClientController {
    //添加 RestTemplate，使用 Autowaried 或者使用@Resource 都可以
    @Resource(name="restTemplate")
    private RestTemplate restTemplate;
    @Value("${movie.url}")
    private String movieUrl;
    @GetMapping("/movie/client/{id}")
    public Movie findById(@PathVariable Long id) {
        return restTemplate.getForObject(movieUrl+id, Movie.class);
    }
}
```

4. 修改 yml 文件

修改 classpath:application.yml 配置文件，因为这是一个 Web 应用，所以只需要配置端口即可，项目根目录下找到配置文件，如图 1-18 所示。

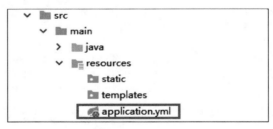

图 1-18

内容如下：

```
server:
  port: 6799
```

5. 修改启动类添加一些注解

以下实现两个操作：

（1）添加@ComponentScan 注解。

（2）使用@Bean 声明 RestTemplate 的 SpringBean。

具体启动类代码如下：

示例代码 1-26　SpringcloudMovieClientApplication.java

```java
package cn.mrchi.springcloud.springcloudmovieclient;
import org.springframework.boot.SpringApplication;
import org.springframework.boot.autoconfigure.SpringBootApplication;
import org.springframework.context.annotation.Bean;
import org.springframework.context.annotation.ComponentScan;
import org.springframework.web.client.RestTemplate;
@SpringBootApplication
@ComponentScan(basePackages="cn.mrchi.springcloud")
public class SpringcloudMovieClientApplication {
    //需要声明RestTemplate的实例
    @Bean
    public RestTemplate restTemplate() {
        return new RestTemplate();
    }
    public static void main(String[] args) {
        SpringApplication.run(SpringcloudMovieClientApplication.class, args);
    }
}
```

RestTemplate 是 Spring 用于同步 Client 端的核心类，它简化了与 HTTP 服务的通信，并满足 Restful 原则，程序代码可以给它提供 URL，并提取结果。默认情况下，RestTemplate 默认依赖 JDK 的 HTTP 连接工具。当然我们也可以通过 setRequestFactory 属性切换到不同的 HTTP 源，比如 Apache HttpComponents、Netty 和 OkHttp。此处 RestTemplate 主要用来访问 Server 端程序。

@ComponentScan 注解用来扫描 basePackage 下面所有带有 @Component 的类。

6. 启动两个项目访问

访问客户端地址：http://localhost:6799/movie/client/2。

注意访问的端口为 6799。

返回：

```
{"id":2,"name":"让子弹飞一会儿","author":"姜文"}
```

至此，一个完整的 Spring Boot 程序就完成了。这里的客户端和服务端是两个不同的微服务，通过 RestTemplate 可以进行访问。

第 2 章

Spring Cloud 概述

2.1 微服务简介

微服务最早由 Martin Fowler 与 James Lewis 于 2014 年共同提出，微服务架构是一种使用一组微服务来开发单体应用的方法，每个微服务运行在自己的进程中，并通过轻量级设备与 HTTP 协议的 API 进行通信。这些微服务基于业务模块进行划分，每一个业务功能对应一个微服务，并能够通过自动化部署机制来独立部署。这些微服务可以使用不同的编程语言以及不同的数据存储技术来实现，并保持最低限度的集中式管理。

微服务的英文名称是 Microservice，它的架构模式就是将整个 Web 应用组织为一系列的 Web 微服务。这些 Web 微服务可以独立地编译及部署，并通过各自暴露的 API 接口相互通信。它们彼此相互协作，作为一个整体为用户提供功能，且可以独立地进行扩充。

微服务从单体应用架构演变而来，是架构风格（服务微化）的改变。微服务的特点是：①一个应用应该是一组小型服务；②可以通过 HTTP 的方式进行沟通；③每一个功能元素都是一个可独立替换、可独立升级的软件单元。

实现微服务的关键除了微服务本身，系统还要提供一套基础的架构，这套架构使得微服务可以独立地部署、运行、升级。不仅如此，这套架构还要让微服务与微服务之间在结构上为"松耦合"，而在功能上则表现为一个统一的整体。这种所谓的"统一的整体"表现出来的是统一风格的界面，统一的权限管理，统一的安全策略，统一的上线过程，统一的日志和审计方法，统一的调度方式，统一的访问入口等。微服务的目的就是有效地拆分应用，实现敏捷开发和部署。

微服务架构是 SOA 架构的一种全新的设计思想。它的核心思想是将相对独立的业务做成一个个服务，这些服务彼此独立，不同的服务可以由不同的开发团队负责，每个服务都可以独立开发、部署和管理。不同服务之间使用 HTTP 协议和轻量级的 API 进行调用。与单体架构或 SOA 架构相比，微架构的特点是松耦合、自治、组件化和去中心化。

目前微服务的开发框架，最常用的有以下 4 种：

- Spring Cloud：http://projects.spring.io/spring-cloud（现在非常流行的微服务架构，与 Spring 无缝对接）。
- Dubbo：http://dubbo.io（阿里巴巴开源的基于 RPC 的服务框架）。
- Dropwizard：http://www.dropwizard.io（关注单个微服务的开发）。
- Consul：微服务的模块。

微服务架构需要的功能或使用场景：

（1）我们需要把整个系统根据业务拆分成几个子系统。
（2）每个子系统可以部署多个应用，多个应用之间需要使用负载均衡。
（3）需要一个服务注册中心，所有的服务都在注册中心注册，负载均衡也是通过在注册中心注册的服务并运用一定的策略来实现的。
（4）所有的客户端都通过同一个网关地址访问后台的服务，通过路由配置、网关来判断一个 URL 请求由哪个服务来处理。请求转发到服务上的时候也使用负载均衡。
（5）服务之间有时候也需要相互访问。例如，有一个用户服务，而其他服务在处理一些业务的时候，要获取这个用户服务中的用户数据。
（6）需要一个断路器，以便及时处理服务调用时的超时和错误，防止由于其中一个服务的问题而导致整体系统的瘫痪。
（7）还需要一个监控功能，监控每个服务调用花费的时间等。

2.2 系统架构的演进

随着软件项目或产品用户数量的增加、业务功能复杂程度的提高以及业务之间关联程度的增加，开发模式、技术架构等都发生了非常大的变化，软件系统架构也经历了一系列的演变过程，我们来看一下系统架构演变过程中一些典型特点。

1. 单体架构

（1）所有功能集中在一个项目中。
（2）所有功能都要生成 war 包，部署到服务器。
（3）通过集群（session 共享集群）来提高服务器的性能。

优点：

- 项目架构简单，前期开发的成本低，周期短，适合小型项目。

缺点：

- 全部的功能都集中在一个项目中完成，这对于大型项目来说，开发难度高，不易开发、扩展和维护。

2. 垂直架构

当访问量逐渐增大时，单一应用无法满足需求，此时为了应对更高的并发和业务需求，我们根据业务功能对系统进行拆分，称为垂直架构，其特点是：

（1）以单体架构为单位进行系统的划分，划分成一个个系统。
（2）项目与项目之间存在数据冗余，耦合度高。
（3）项目以接口调用为主，存在数据同步问题。

优点：

- 系统拆分实现了流量分担，解决了并发问题。
- 可以针对不同模块进行优化。
- 方便水平扩展，负载均衡，容错率提高。

缺点：

- 服务之间相互调用，如果某个服务的端口或者IP地址发生改变，调用的系统需要手动改变。
- 搭建集群之后，实现负载均衡就比较复杂。

3. SOA 服务架构特点

当垂直应用越来越多，应用之间交互不可避免，将核心业务抽取出来作为独立的服务，逐渐形成稳定的服务中心，使前端应用能更快速地响应多变的市场需求，这就是 SOA 服务架构。面向服务的架构是一种软件体系结构，应用程序的不同组件通过网络上的通信协议，向其他组件提供服务。通信可以是简单的数据传递，也可以是两个或多个服务彼此协调连接。这些独特的服务执行一些小功能，例如，验证付款、创建用户账户或提供社交登录等。

面向服务的架构不太关心如何以模块化方式来构建应用程序，更多的关注点在于如何通过整合分布式、单独维护和部署的软件组件来组成应用程序。通过技术和标准的实现，使得组件能够更容易地通过网络（尤其是 IP 网络）进行通信和协作。

SOA 架构中有两个主要角色：服务提供者（Provider）和服务使用者（Consumer）。软件代理可以扮演这两个角色。Consumer 层是用户（人、应用程序或第三方的其他组件）与 SOA 交互的端点，Provider 层则由 SOA 架构内的所有服务构成，其特点是：

（1）基于 SOA 服务思想进行功能的抽取（解决重复代码问题），以服务为中心来管理项目。
（2）各个系统之间要进行调用，所以出现 ESB 来管理项目（可以使用各种技术实现：RPC、Webservice 等）。
（3）ESB 作为系统与系统之间桥梁，很难进行统一管理。

优点：

- 重复代码进行了抽取，提高了开发效率，提高了系统的可维护性。
- 可以针对某个系统进行扩展，做集群更容易。
- 采用 ESB 来管理服务组件，有利于降低企业开发项目的难度。

缺点：
- 系统与服务的界限模糊，不利于设计。
- ESB 作为系统与系统之间的桥梁，没有统一标准，种类很多，不利于维护。

4. 微服务架构

微服务架构在某种程度上是面向服务的架构 SOA 继续发展的下一阶段，可以认为是细粒度的 SOA。基本上，这种架构类型是开发软件、网络或移动应用程序作为独立服务套件（又称微服务）的一种特殊方式。这些服务的创建仅限于一个特定的业务功能，如用户管理、用户角色、购物车、搜索引擎、社交媒体登录等。此外，它们是完全独立的，也就是说它们可以写入不同的编程语言，并使用不同的数据库。集中式服务管理几乎不存在，微服务使用轻量级 HTTP、REST 或 Thrift API 进行通信，其特点是：

（1）把系统的服务层完全独立出来，有利于资源的重复利用，可提高开发效率。
（2）微服务遵守单一原则。
（3）微服务与微服务之间的调用使用 RESTful 轻量级调用。

优点：
- 微服务拆分更细，有利于资源的重复利用，可提高开发效率。
- 可以更加精准地针对某个服务做方案。
- 微服务去中心化，使用 RESTful 轻量级通信协议比使用 ESB 企业服务总线更容易维护。
- 适应市场更容易，产品迭代周期更短。

缺点：
- 微服务数量多，服务治理成本高，不利于系统维护。
- 分布式系统架构且是微服务架构，技术成本高（容错、分布式事务等），对团队挑战高。

了解了各种架构的特点，就可以在项目面临架构选择的时候合理考虑采用哪种更适合。针对不同的业务特征的系统，会有各自的考虑侧重点，比如淘宝这类网站要解决的是海量商品搜索、下单、支付等问题；腾讯要解决的是数亿级别用户的实时消息传输；百度所要解决的是海量数据的搜索。每一类的业务都有自己不同的系统架构。微服务架构虽然有很多优点，但并不是解决所有问题的万金油，一般需要满足具有自己特点的使用场景，比如：团队规模较大，人数较多；业务复杂度高，子模块数量较多；项目需要长期迭代开发和维护等。

2.3　Spring Cloud 简介

Spring Cloud 是一系列框架的有序集合。它利用 Spring Boot 的开发便利性，巧妙地简化了分布式系统基础设施的开发，如服务发现注册、配置中心、消息总线、负载均衡、断路器、数据监控等，都可以用 Spring Boot 的开发风格做到一键启动和部署。Spring Cloud 并没有重复制造轮子，它只是将目前各家公司开发的、比较成熟的、经得起实际考验的服务框架组合起来，通过 Spring Boot

风格进行再封装，屏蔽掉了复杂的配置和实现原理，最终给开发者留出了一套简单易懂、易部署和易维护的分布式系统开发工具包。

Spring Cloud 是许多技术组件的集合，常用组件如图 2-1 所示。

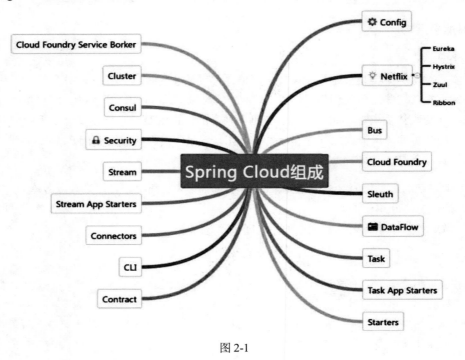

图 2-1

1. Spring Cloud Config

服务配置中心（Spring Cloud Config）将所有的服务配置文件放到本地仓库或者远程仓库，配置中心负责读取仓库的配置文件，其他服务向配置中心读取配置。Spring Cloud Config 使得服务的配置统一管理，并可以在不手动重启服务的情况下进行配置文件的刷新。

2. Spring Cloud Netflix

通过包装 Netflix 公司的微服务组件实现，也是 Spring Cloud 核心组件，包括 Eureka、Hystrix、Zuul、Archaius。

3. Eureka

Eureka 是 Netflix 开发的服务发现框架，本身是一个基于 REST 的服务，主要用于定位运行在 AWS 域中的中间层服务，以达到负载均衡和中间层服务故障转移的目的。Spring Cloud 将它集成在其子项目 spring-cloud-netflix 中，以实现 Spring Cloud 的服务发现功能。

Eureka 包含两个组件：Eureka Server 和 Eureka Client。

Eureka Server 提供服务注册服务，各个节点启动后，会在 Eureka Server 中进行注册，这样 Eureka Server 中的服务注册表中将会存储所有可用服务节点的信息，而且服务节点的信息可以在界面中直观地看到。

Eureka Client 是一个 Java 客户端，用于简化与 Eureka Server 的交互，客户端同时也是一个内置的、使用轮询（round-robin）负载算法的负载均衡器。

在应用启动后，将会向 Eureka Server 发送心跳，默认周期为 30 秒，如果 Eureka Server 在多个心跳周期内没有接收到某个节点的心跳，那么 Eureka Server 将会从服务注册表中把这个服务节点移除（默认时间为 90 秒）。

Eureka Server 之间通过复制的方式完成数据的同步，Eureka 还提供了客户端缓存机制，即使所有的 Eureka Server 都挂掉，客户端依然可以利用缓存中的信息消费其他服务的 API。因此，Eureka 通过心跳检查、客户端缓存等机制，确保了系统的高可用性、灵活性和可伸缩性。

4. Hystrix

Hystrix 是熔断器组件。它通过控制服务的 API 接口的熔断来转移故障，防止微服务系统发生雪崩效应。另外，Hystrix 能够起到服务限流和服务降级的作用。使用 Hystrix Dashboard 组件监控单个服务的熔断状态，使用 Hystrix Turbine 组件可以监控多个服务的熔断器的状态。

5. Zuul

智能路由网关组件。能够起到智能路由和请求过滤的作用，内部服务 API 接口通过 Zuul 网关统一对外暴露，防止内部服务敏感信息对外暴露。也可以实现安全验证、权限控制的功能。

6. Feign

Feign 是 Netflix 开发的、声明式的、模板化的 HTTP 客户端，Feign 可以帮助我们快捷、优雅地调用 HTTP API。

在 Spring Cloud 中，使用 Feign 非常简单——创建一个接口，并在接口上添加一些注解，代码就完成了。Feign 支持多种注解，例如 Feign 自带的注解或者 JAX-RS 注解等。

Spring Cloud 对 Feign 进行了增强，使 Feign 支持 Spring MVC 注解，并整合 Ribbon 和 Eureka，从而让 Feign 的使用更加方便。

Spring Cloud Feign 基于 Netflix Feign 实现，整合了 Spring Cloud Ribbon 和 Spring Cloud Hystrix，除了提供这两者的强大功能外，还提供了一种声明式的 Web 服务客户端定义的方式。

Spring Cloud Feign 帮助我们定义和实现依赖服务接口。在 Spring Cloud Feign 的实现下，只需要创建一个接口并用注解方式配置它，即可完成服务提供方的接口绑定，简化了在使用 Spring Cloud Ribbon 时自行封装服务调用客户端的开发工作量。

Spring Cloud Feign 具备可插拔的注解支持，支持 Feign 注解、JAX-RS 注解和 Spring MVC 的注解。

7. Ribbon

Spring Cloud Ribbon 是一个基于 HTTP 和 TCP 的客户端负载均衡工具，它基于 Netflix Ribbon 实现。通过 Spring Cloud 的封装，可以让我们轻松地将面向服务的 REST 模板请求，自动转换成客户端负载均衡的服务调用。Spring Cloud Ribbon 虽然只是一个工具类框架，它不像服务注册中心、配置中心、API 网关那样需要独立部署，但是它几乎存在于每一个 Spring Cloud 构建的微服务和基础设施中。因为微服务间的调用、API 网关的请求转发等内容，实际上都是通过 Ribbon 来实现的，包括后续我们将要介绍的 Feign，它也是基于 Ribbon 实现的工具。所以，对 Spring Cloud Ribbon 的理解和使用，对于我们使用 Spring Cloud 来构建微服务非常重要。

8. Archaius

Archaius 是用于配置管理 API 的组件，是一个基于 Java 的配置管理库，主要用于多配置的动态获取。Archaius 是 Netflix 公司开源项目之一，基于 Java 的配置管理类库，主要用于多配置存储的动态获取。它的主要功能是对 Apache Common Configuration 类库的扩展。在云平台开发中可以将其用作分布式配置管理依赖构件。同时，它有如下一些特性：

- 动态类型化属性。
- 高效和线程安全的配置操作。
- 配置改变时的回调机制。
- 轮询框架 JMX，通过 Jconsole 检查和调用操作属性。
- 组合配置。

9. Spring Cloud Bus

Spring Cloud Bus 是消息总线组件，常和 Spring Cloud Config 配合使用，用于动态刷新服务的配置。Spring Cloud 是按照 Spring 的配置对一系列微服务框架的集成，而 Spring Cloud Bus 是其中一个微服务框架，用于实现微服务之间的通信。

Spring Cloud Bus 整合 Java 的事件处理机制和消息中间件消息的发送和接收，主要由发送端、接收端和事件组成。针对不同的业务需求，可以设置不同的事件，发送端发送事件，接收端接收相应的事件，并进行相应的处理。

10. Spring Cloud Sleuth

Spring Cloud Sleuth 是服务链路追踪组件，封装了 Dapper、Zipkin、Kibina 等组件，可以实时监控服务链路的调用状况。

在微服务系统中，随着业务的发展，系统会变得越来越大，那么各个服务之间的调用关系也就变得越来越复杂。一个 HTTP 请求会调用多个不同的微服务来处理，并返回最后的结果，在这个调用过程中，可能会因为某个服务出现网络延迟过高或发送错误导致请求失败，这个时候，对请求调用的监控就显得尤为重要了。Spring Cloud Sleuth 提供了分布式服务链路监控的解决方案。下面介绍 Spring Cloud Sleuth 整合 Zipkin 的解决方案。

Zipkin 是 Twitter 的一个开源项目，它基于 Google Dapper 实现。我们可以使用它来收集各个服务器上请求链路的跟踪数据，并通过它提供的 REST API 接口来辅助查询、跟踪数据，以实现对分布式系统的监控，从而及时发现系统中出现的延迟过高问题。除了面向开发的 API 接口之外，它还提供了方便的 UI 组件，可帮助我们直观地搜索跟踪信息和分析请求链路明细，比如可以查询某段时间内各用户请求的处理时间。

11. Spring Cloud Data Flow

Spring Cloud Data Flow 是大数据操作组件，它是 Spring XD 的替代品，也是一个混合计算模型，可以通过命令行的方式操作数据流。

12. Spring Cloud Consul

该组件是 Spring Cloud 对 Consul 的封装。和 Eureka 类似，它是一个服务注册和发现组件。

13. Spring Cloud Zookeeper

该组件是 Spring Cloud 对 Zookeeper 的封装，也用于服务注册和发现。

14. Spring Cloud Stream

该组件是数据流操作组件，可以封装 Redis、RabbitMQ、Kafka 等组件，实现消息的接收和发送。

15. Spring Cloud CLI

该组件是对 Spring Boot CLI 的封装，可以让用户以命令行方式快速搭建和运行容器。

16. Spring Cloud Task

该组件基于 Spring Tsak，提供任务调度和任务管理的功能。

2.4　Spring Cloud 与 Spring Boot 的关系

　　Spring Boot 是 Spring 的一套快速配置脚手架，可以基于 Spring Boot 快速开发单个微服务。Spring Boot 是 Spring 的引导，即用于启动 Spring，使 Spring 的学习和使用变得快速。它不仅适合替换原有的工程结构，更适合微服务开发。

　　Spring Cloud 基于 Spring Boot，它为微服务体系开发中的架构问题提供了一整套的解决方案——服务注册与发现、服务消费、服务保护与熔断、网关、分布式调用追踪、分布式配置管理等。

　　Spring Cloud 是一个基于 Spring Boot 实现的云应用开发工具；Spring Boot 专注于快速、方便集成的单个个体，Spring Cloud 是关注全局的服务治理框架；Spring Boot 使用了约定大于配置的理念，很多集成方案已经帮我们选择好了，能不配置就不配置，Spring Cloud 很大的一部分是基于 Spring Boot 来实现的。

2.5　Spring Cloud 的优点

　　Spring Cloud 为开发人员提供了快速构建分布式系统中一些常见模式的工具（例如，配置管理、服务发现、断路器、智能路由、微代理、控制总线等）。分布式系统的协调使用了样板模式，Spring Cloud 开发人员可以快速地实现这些模式的服务和应用程序。它们将在任何分布式环境中运行良好，包括开发人员自己的笔记本电脑、裸机数据中心，以及 Cloud Foundry 等托管平台。

　　Spring Cloud 比 Dubbo 等其他微服务框架提供了更加全面的解决方案，可以预计 Spring Cloud

很有可能成为未来微服务架构的标准框架。它的优点主要体现在：

- 服务拆分粒度更细，有利于资源重复利用，有利于提高开发效率。
- 可以更精准地制定优化服务方案，提高系统的可维护性。
- 微服务架构采用去中心化思想，服务之间采用 RESTful 等轻量级通信，比 ESB 更轻量。
- 适于互联网时代，产品迭代周期更短。
- 约定优于配置，开箱即用、快速启动，组件支持丰富，功能齐全。

第 3 章

微服务注册与调用

3.1 Netflix 与 Spring Cloud

Spring Cloud 是基于 Spring Boot 的一整套实现微服务的框架。它提供了微服务开发所需的配置管理、服务发现、断路器、智能路由、微代理、控制总线、全局锁、决策竞选、分布式会话和集群状态管理等组件。最重要的是，如果它跟 Spring Boot 框架一起使用的话，会让我们开发微服务架构的云服务变得非常的方便。Spring Cloud 包含非常多的子框架，Spring Cloud Netflix 就是其中的一套子框架，最初由 Netflix 开发，后来并入了 Spring Cloud 大家庭，它主要提供的模块包括：服务发现、断路器和监控、智能路由、客户端负载均衡等。

Spring Cloud Netflix 包含的组件及其主要功能如下：

- Eureka：服务注册和发现。它提供了一个服务注册中心、服务发现的客户端，还有一个方便查看所有注册的服务的界面。所有的服务使用 Eureka 的服务发现客户端来将自己注册到 Eureka 服务器上。
- Zuul：网关。所有的客户端请求通过这个网关访问后台的服务。它可以使用一定的路由配置来判断某一个 URL 由哪个服务来处理，并从 Eureka 获取注册的服务来转发请求。
- Ribbon：即负载均衡。Zuul 网关将一个请求发送给某一个服务的应用的时候，如果一个服务启动了多个实例，就会通过 Ribbon 使用一定的负载均衡策略来发送给某一个服务实例。
- Feign：服务客户端。服务之间如果需要相互访问，可以使用 RestTemplate，也可以使用 Feign 客户端访问。它默认使用 Ribbon 来实现负载均衡。
- Hystrix：监控和断路器。我们只需要在服务接口上添加 Hystrix 标签，就可以实现对这个接口的监控和断路器功能。
- Hystrix Dashboard：监控面板。它提供了一个界面，可以监控各个服务上的服务调用所消耗的时间等。

- Turbine：监控聚合。使用 Hystrix 监控，我们需要打开每一个服务实例的监控信息来查看。而 Turbine 可以帮助我们把所有的服务实例的监控信息聚合到一个地方统一查看。这样就不需要打开页面逐一查看。

3.2　Eureka 简介

Eureka 是 Netflix 开发的服务发现框架，本身是一个基于 REST 的服务，主要用于定位运行在 AWS 域中的中间层服务，以达到负载均衡和中间层服务故障转移的目的。Spring Cloud 将它集成在其子项目 spring-cloud-netflix 中，以实现 Spring Cloud 的服务发现功能。

Eureka 包含两个组件：Eureka Server 和 Eureka Client。

Eureka Server 提供服务注册服务，各个节点启动后，会在 Eureka Server 中进行注册，这样 Eureka Server 中的服务注册表中将会存储所有可用服务节点的信息，服务节点的信息可以在界面中直观地看到。

Eureka Client 是一个 Java 客户端，用于简化与 Eureka Server 的交互，客户端同时也是一个内置的、使用轮询（round-robin）负载算法的负载均衡器。

在应用启动后，将会向 Eureka Server 发送心跳，默认周期为 30 秒，如果 Eureka Server 在多个心跳周期内没有接收到某个节点的心跳，Eureka Server 将会从服务注册表中把这个服务节点移除（默认为 90 秒）。

Eureka Server 之间通过复制的方式完成数据的同步，Eureka 还提供了客户端缓存机制，即使所有的 Eureka Server 都挂掉，客户端依然可以利用缓存中的信息消费其他服务的 API。因此，Eureka 通过心跳检查、客户端缓存等机制，确保了系统的高可用性、灵活性和可伸缩性。

我们为什么选择 Eureka 作为服务发现组件？

- Eureka 来自生产环境，这是它天生的优势。
- Spring Cloud 对 Eureka 支持很好。

Eureka 架构如图 3-1 所示。

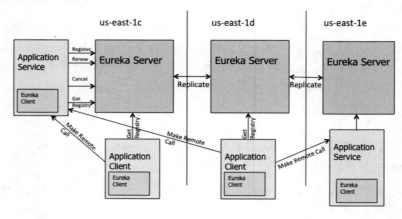

图 3-1

以上是 Eureka 官方的架构图，大致描述了 Eureka 集群的工作过程。图中包含的组件非常多，可能比较难以理解，我们用通俗易懂的语言解释一下：

- Application Service：相当于本书中的服务提供者，Application Client 相当于本书中的服务消费者。
- Make Remote Call：可以简单理解为调用 RESTful API。
- us-east-1c、us-east-1d：都是 zone，它们都属于 us-east-1 这个 region。

由图 3-1 可知，Eureka 包含两个组件：Eureka Server 和 Eureka Client，它们的作用如下：

- Eureka Client 是一个 Java 客户端，用于简化与 Eureka Server 的交互。
- Eureka Server 提供服务发现的能力，各个微服务启动时，会通过 Eureka Client 向 Eureka Server 注册自己的信息（例如网络信息），Eureka Server 会存储该服务的信息。
- 微服务启动后，会周期性地向 Eureka Server 发送心跳（默认周期为 30 秒）以续约自己的信息。如果 Eureka Server 在一定时间内没有接收到某个微服务节点的心跳，Eureka Server 将会注销该微服务节点（默认为 90 秒）。
- 每个 Eureka Server 同时也是 Eureka Client，多个 Eureka Server 之间通过复制的方式完成服务注册表的同步。
- Eureka Client 会缓存 Eureka Server 中的信息。即使所有的 Eureka Server 节点都宕掉，服务消费者依然可以使用缓存中的信息找到服务提供者。

因此，Eureka 通过心跳检测、健康检查和客户端缓存等机制，提高了系统的灵活性、可伸缩性和可用性。

region、zone、Eureka 集群三者的关系如图 3-2 所示。

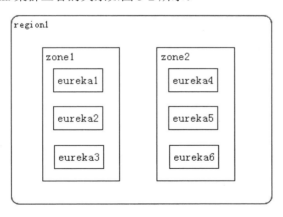

图 3-2

region 和 zone（或者 Availability Zone）均是 AWS 的概念。在非 AWS 环境下，我们可以简单地将 region 理解为 Eureka 集群，zone 理解成机房。

3.3 Eureka Server 单点模式

Eureka Server 是注册中心服务，属于 Netflix 组件中的一个功能，它提供了完整的 Service Registry 和 Service Discovery 的实现。所谓单点模式也叫作 Standalone Mode，顾名思义就是只有一台 Eureka Server 服务器，所有的微服务均注册到一个独立的服务中心。

Eureka Server 在开发中的典型配置如下：

```yaml
server:
  port: 8761 #声明Eureka端口号，默认为8761
eureka:
  instance:
    hostname: localhost #声明Eureka的服务器主机
  client:
    register-with-eureka: false #是否注册到其他的Eureka Server服务器
    fetch-registry: false #是否从其他的Eureka服务器获取注册的信息
    service-url:
      defaultZone: http://${eureka.instance.hostname}:${server.port}/eureka/
```

3.4 创建 Eureka Server

下面举例创建一个 Eureka Server，本节对应的项目名称是：springcloud-eureka-server3，在第 3 章案例源码文件夹下。这个示例主要完成以下开发工作：

- 添加依赖 Eureka Server。
- 添加@EnableEurekaServer 注解。
- 修改 application.yml，添加关于 Eureka Server 的配置。

具体创建步骤如下：

1. 创建 Spring Boot 项目

项目创建还是在 IDEA 中新建项目，选择使用 Spring Initializr 向导生成，如图 3-3 所示。

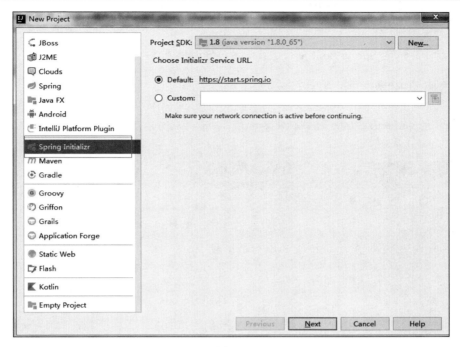

图 3-3

添加依赖时只选择 Eureka Server 即可。

2. 添加依赖

向导中引入 Eureka Server 依赖,如图 3-4 所示。

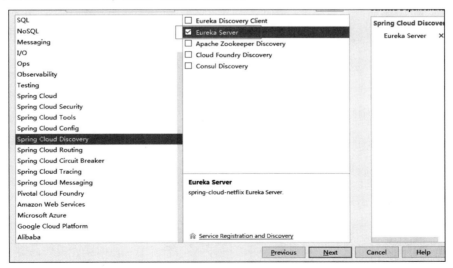

图 3-4

3. 配置 Eureka Server

对第 2 步中生成的 Spring Boot 项目进行配置，修改如下：

（1）添加@EnableEurekaServer 注解

在启动类上添加@EnableEurekaServer 注解，从而将项目作为 Spring Cloud 中的注册中心，此时，可以将@EnableEurekaServer 注解看作是一个开关，开启时，会激活相关配置，成为注册中心。参考代码如下：

示例代码 3-1　SpringcloudEurekaServerApplication.java

```java
@SpringBootApplication
@EnableEurekaServer
public class SpringcloudEurekaServerApplication {
    public static void main(String[] args) {
        SpringApplication.run(SpringcloudEurekaServerApplication.class, args);
    }
}
```

（2）配置 application.yml 文件

按照以下模板进行配置，通过 eureka.client.registerWithEureka:false 和 fetchRegistry:false 来表明自己是一个 Eureka Server。

配置内容如下：

示例代码 3-2　application.yml

```yml
server:
 port: 8761
eureka:
 instance:
   hostname: localhost
 client:
   register-with-eureka: false #是否将当前实例注册到其他 Eureka Server 上去
   fetch-registry: false #是否从其他 Eureka Server 上获取数据
   service-url:
     defaultZone: http://${eureka.instance.hostname}:${server.port}/eureka/
```

4. 启动并访问 8761 端口

以 Java 应用方式或 Spring Boot App 方式运行启动类均可，如图 3-5 所示。

图 3-5

现在访问 8761 端口，如图 3-6 所示。

图 3-6

至此，我们已经创建好了一个 Eureka Server。

5. 打包运行

Spring Boot 项目打包成可以运行的 jar 包，步骤说明如下（这里用的开发环境是 IDEA）。

（1）把 Spring Boot 打包成 jar 的形式，需要在 pom.xml 文件对应以下代码：

```xml
<groupId>com.mrchi</groupId>
<artifactId>cloudnotes</artifactId>
<version>1.0-SNAPSHOT</version>
<packaging>jar</packaging>
<build>
    <plugins>
        <plugin>
            <groupId>org.springframework.boot</groupId>
            <artifactId>spring-boot-maven-plugin</artifactId>
        </plugin>
    </plugins>
</build>
```

（2）在右边找到菜单栏 Maven Project →Execute Maven Goal 并点击，如图 3-7 所示。

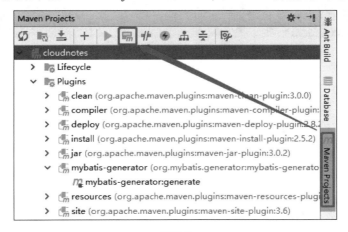

图 3-7

（3）打开后如图 3-8 所示，在"Command line"框中输入"clean package"后，点击 Execute 按钮。

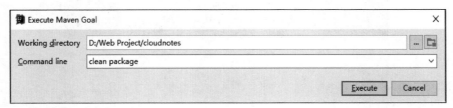

图 3-8

（4）在 target 下生成 cloudnotes-1.0-SNAPSHOT.jar。

（5）然后将打好的包，发布到任意已经安装好 JDK 1.8 的主机上，并使用以下命令启动它：

```
#java -jar springcloud-xxx.jar
```

这里可以对第 4 步的项目打包，如图 3-9 所示。

图 3-9

最后，将可运行的 jar 包拷贝到一台 Linux 机器上，并在 Linux 控制台上启动它，如图 3-10 所示。

图 3-10

3.5 微服务开发和注册

1. 创建项目

本节对应的项目名称是：springcloud-eureka-movie3，在第 3 章案例源码文件夹下。使用 IDEA 的 Spring Initializr 创建 Spring 项目，选择依赖时勾选 Eureka Discovery Client，然后点击 Next 按钮，如图 3-11 所示。

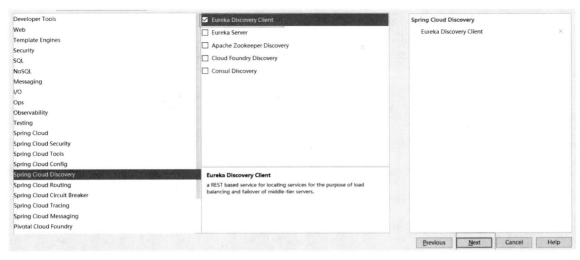

图 3-11

勾选 Eureka Discovery Client 后会生成 spring-cloud-starter-netflix-eureka-server 依赖。还需在 pom.xml 配置文件中添加以下依赖：

```xml
<dependency>
<groupId>org.springframework.cloud</groupId>
<artifactId>spring-cloud-starter-netflix-eureka-client</artifactId>
</dependency>
```

2. 修改配置文件

修改 application.yml 配置文件，添加以下内容：

示例代码 3-3　application.yml

```yaml
server:
  port: 6789
eureka:
  client:
    service-url:
      defaultZone: http://localhost:8761/eureka/
```

先启动 Eureka Server，再启动 Eureka Client。启动 Eureka Client 时检查后台日志。

如果日志中出现下面信息，则说明注册成功：

```
Registering application UNKNOWN with eureka with status UP
```

此时检查 8761 端口，显示效果如图 3-12 所示。

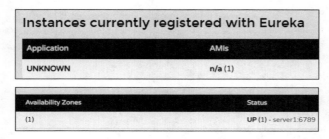

图 3-12

可以看到已经注册成功，但是名称为 UNKNOWN。

可以修改 spring.application.name 这个值，我们修改 application.yml 如下：

```yml
server:
  port: 6789
spring:
  application:
    name: first-eureka-client
eureka:
  client:
    service-url:
      defaultZone: http://localhost:8761/eureka/
```

修改名称以后查看服务注册中心，如图 3-13 所示。

图 3-13

@EnableEurekaClient 注解属于可选配置，在启动类上定义如下：

```
@SpringBootApplication
@EnableEurekaClient//可选配置
public class SpringcloudEurekaClientApplication {
    public static void main(String[] args) {
        SpringApplication.run(SpringcloudEurekaClientApplication.class, args);
    }
}
```

@EnableEurekaClient 注解可以省略，Spring Cloud 依然会根据配置文件注册服务，这是 Spring Cloud 新版本的一个特性。好了，到此已经可以开发向 Eureka Server 注册的 Client 了。

3. 关于客户端 yml 配置文件的说明

Eureka Client 的 application.yml 配置如下：

```yml
server:
  port: 6789
```

```
spring:
  application:
    name: first-eureka-client
eureka:
  instance:
    appname: first.eureka.client  #这里将显示到 Eureka Server 上的 AppName 中
    prefer-ip-address: true
  client:
    enabled: true
    service-url:
      defaultZone: http://server40:8761/eureka/
```

注意上例中的 appname 在 Eureka Server 上将显示这个值，如图 3-14 所示。

而 spring.application.name 的值将显示到 Status 中，如图 3-15 所示。

图 3-14

图 3-15

一个完整的 Eureka Server 服务界面如图 3-16 所示。

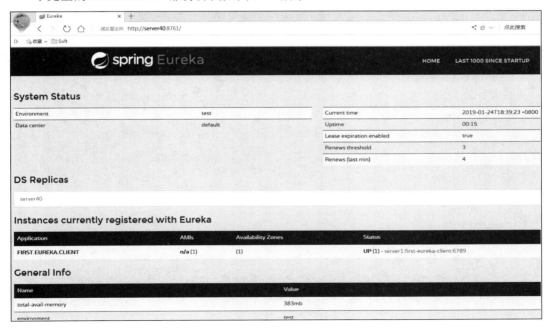

图 3-16

可以通过 spring.application.name 和 eureka.instance.appname 来设置 appname。spring.application.name 的优先级比 eureka.instance.appname 高，如果两个都设置，注册到 Eureka Server 上的 appname 是前者，且在 Status 中显示的也是 spring.application.name。

3.6　Eureka Server 安全

　　Spring Security 是 Spring Resource 社区的一个安全组件。Spring Security 为 JavaEE 企业级开发提供了全面的安全防护。Spring Security 采用"安全层"的概念，使每一层都尽可能安全，连续的安全层可以实现全面的防护。Spring Security 可以在 Controller 层、Service 层、DAO 层以加注解的方式来保护应用程序的安全。Spring Security 提供了细粒度的权限控制，可以精细到每一个 API 接口、每一个业务的方法，或每一个操作数据库的 DAO 层的方法。Spring Security 提供的是应用程序层的安全解决方案，一个系统的安全还需要考虑传输层和系统层的安全，如采用 HTTPS 协议、服务器部署防火墙等。

　　使用 Spring Security 的一个重要原因是它对环境的无依赖性、低代码耦合性。Spring Security 提供了数十个安全模块，模块与模块之间的耦合性低，模块之间可以自由组合，以实现特定需求的安全功能。

　　在安全方面，有两个主要的领域，一是"认证"，即用户是谁；二是"授权"，即用户拥有什么权限，Spring Security 的主要目标就是在这两个领域。JavaEE 还有一个优秀的安全框架 Apache Shiro，Apache Shiro 在企业级的项目开发中十分受欢迎，一般使用在单体服务中。但在微服务架构中，目前版本的 Apache Shiro 是无能为力的。另一个选择 Spring Security 的原因是 Spring Security 容易应用于 Spring Boot 工程，也容易于集成到采用 Spring Cloud 构建的微服务系统中。

　　Spring Security 提供了很多的安全验证模块并支持与很多技术的整合，Spring Security 框架主要包含了两个依赖，分别是 spring-security-web 依赖和 spring-security-config 依赖。Spring Boot 对 Spring Security 框架做了封闭，仅仅是封闭，并没有改动，还加上了 Spring Boot 的启动依赖特性。使用时只需要引入 spring-boot-starter-security 即可。

　　下面来看一下 Spring Boot 基本安全保障是如何做到的，首先在 Spring Boot 1.x 中配置 basic 安全，只需要在 application.yml 中配置以下内容：

```
#security:
#  basic:
#    enabled: true
#  user:
#    name: Jack
#    password: Jack1234
```

　　添加以后，会显示警告信息：

```
Deprecated:The security auto-configuration is no longer customizable. Provide your own WebSecurityConfigurer bean instead.
```

　　在 Spring Boot 2 以后，以下的配置将不再使用：

```
security.basic.authorize-mode
security.basic.enabled
security.basic.path
security.basic.realm
security.enable-csrf
```

```
security.headers.cache
security.headers.content-security-policy
security.headers.content-security-policy-mode
security.headers.content-type
security.headers.frame
security.headers.hsts
security.headers.xss
security.ignored
security.require-ssl
security.sessions
```

以下是在 Spring Boot 2.1.2 中配置 Spring Cloud 安全的步骤。

1. 添加 Security 依赖

在 Eureka Server 上添加 Spring Security 的依赖：

示例代码 3-4　pom.xml（新增部分代码）

```xml
<dependency>
    <groupId>org.springframework.boot</groupId>
    <artifactId>spring-boot-starter-security</artifactId>
</dependency>
```

2. 修改 yml 配置文件

Spring Boot 2.x 以后，使用 Spring Security 需要添加 spring-boot-starter-security，在 application.yml 文件中新增以下配置：

示例代码 3-5　application.yml（新增部分代码）

```yaml
spring:
  security:
    user:
      name: Jack
      password: 1234
```

即添加 Spring Security 的用户名和密码。

3. 禁用 CSRF

CSRF（Cross Site Request Forgery）的中文是跨站点请求伪造的意思。CSRF 攻击者在用户已经登录目标网站之后，诱使用户访问一个攻击页面，利用目标网站对用户的信任，以用户身份在攻击页面中对目标网站发起伪造用户操作的请求，从而达到攻击的目的。

所以需要禁用 CSRF，做法如下：

首先开发一个类，继承 WebSecurityConfigurerAdapter。然后在代码中禁用 CSRF：

示例代码 3-6　SpringSecurityConfig.java

```java
@EnableWebSecurity
public class SpringSecurityConfig extends WebSecurityConfigurerAdapter {
    public SpringSecurityConfig() {
        System.err.println(">>>>>>>>:初始化成功…");
    }
    @Override
    protected void configure(HttpSecurity http) throws Exception {
        super.configure(http);//此句不能删除
        http.csrf().disable();
//必须禁用：CSRF，CSRF（Cross-site request forgery）跨站请求伪造
    }
}
```

上例中一共 3 个步骤：

（1）继承 WebSecurityConfigurerAdapter。

（2）添加 EnableWebSecurity 注解。

（3）添加 http.csrf().disabled()。

上例开发的类需要在项目启动的时候由容器扫描并创建对象，所以在启动类中添加 @ComponentScan 注解，启动类代码如下：

示例代码 3-7　SpringcloudEurekaServerApplication.java

```java
@SpringBootApplication
@EnableEurekaServer
@ComponentScan("cn.mrchi.springcloud")//添加以识别 SpringSecurityConfig 类
public class SpringcloudEurekaServerApplication {
    public static void main(String[] args) {
        SpringApplication.run(SpringcloudEurekaServerApplication.class, args);
    }
}
```

4. 启动 Eureka Server 并访问 8761 端口

首先进入登录页面，如图 3-17 所示。

图 3-17

输入正确的用户名和密码方可登录，如图 3-18 所示。

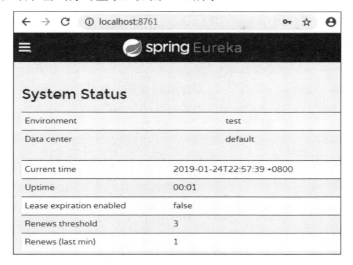

图 3-18

5. 客户端注册

需要在 curl 中添加用户名和密码，现在修改 Eureka Client 的 application.yml 配置文件，添加用户名和密码：

示例代码 3-8　application.yml

```yaml
server:
  port: 6789
spring:
  application:
    name: first-eureka-client
eureka:
  instance:
    appname: first.eureka.client  #这儿将显示到 EurekaServer 中的 AppName 中
    prefer-ip-address: true
  client:
    enabled: true
    service-url:
      defaultZone: http://Jack:1234@localhost:8761/eureka/
logging:
  level:
    root: INFO
```

注意上面代码中 defaultZone 的用户名和密码的添加位置。

6. 现在启动客户端注册

启动客户端以后，查看是否在 Eureka Server 中成功注册，如图 3-19 所示。

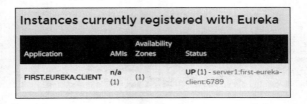

图 3-19

至此，我们已经可以在 Spring Boot 2 和 Spring Cloud 中使用基本的安全功能了。

第 4 章

基于 Ribbon 的客户端负载均衡

负载均衡是微服务架构中必须使用的技术，通过负载均衡来实现系统的高可用、集群扩容等功能。负载均衡可通过硬件设备及软件来实现，硬件比如：F5、Array 等，软件比如：LVS、Nginx 等。负载均衡分为服务端和客户端的负载均衡。无论是硬件负载均衡还是软件负载均衡，都会维护一个可用的服务端清单，然后通过心跳机制来删除故障的服务端节点，以保证清单中都是可以正常访问的服务端节点。此时，当客户端的请求到达负载均衡服务器时，负载均衡服务器按照某种配置好的规则，从可用服务端清单中选出一台服务器去处理客户端的请求，这就是服务端负载均衡。

客户端负载均衡和服务端负载均衡最大的区别在于服务清单所存储的位置。在客户端负载均衡中，所有的客户端节点都有一份自己要访问的服务端清单，这些清单统统都是从 Eureka 服务注册中心获取的。在 Spring Cloud 中，我们如果想要使用客户端负载均衡，方法很简单，客户端在发起请求的时候，会从服务端清单中先自行选择一个服务端，向该服务端发起请求，从而实现负载均衡。

4.1 RestTemplate 应用

4.1.1 Rest 和 RestTemplate

1. 什么是 REST

REST（Representational State Transfer）是 Roy Fielding 提出的一个描述互联系统架构的名词。REST 定义了一组体系架构原则，我们可以根据这些原则设计出以系统资源为中心的 Web 服务，包括使用不同语言编写的客户端如何通过 HTTP 处理和传输资源状态。

Web 本质上由各种各样的资源组成，资源由 URI 唯一标识。浏览器（或者任何其他类似于浏览器的应用程序）将展示出该资源的一种表现方式，或者一种表现状态。如果用户在该页面中定向到指向其他资源的链接，则将访问该资源，并表现出该资源的状态。这意味着客户端应用程序随着每个资源表现状态的不同而发生状态转移，也即所谓 REST。

2. REST 成熟度的四个层次

第一个层次（Level0）的 Web 服务只是使用 HTTP 作为传输方式，实际上它是远程方法调用（RPC）的一种具体形式。SOAP 和 XML-RPC 都属于此类。

第二个层次（Level1）的 Web 服务引入了资源的概念。每个资源都有对应的标识符和表达。

第三个层次（Level2）的 Web 服务使用不同的 HTTP 方法来进行不同的操作，并且使用 HTTP 状态码来表示不同的结果。如 HTTP GET 方法来获取资源，HTTP DELETE 方法来删除资源。

第四个层次（Level3）的 Web 服务使用 HATEOAS。在资源的表达中包含了链接信息，客户端可以根据链接来发现可以执行的动作。

其中第三个层次建立了创建、读取、更新和删除（Create、Read、Update、Delete，即 CRUD）操作与 HTTP 方法之间的一对一映射。根据此映射：

（1）若要在服务器上创建资源，应该使用 POST 方法。
（2）若要检索某个资源，应该使用 GET 方法。
（3）若要更改资源状态或对其进行更新，应该使用 PUT 方法。
（4）若要删除某个资源，应该使用 DELETE 方法。

3. HTTP 请求的方法

（1）GET：通过请求 URI 得到资源。
（2）POST：用于添加新的内容。
（3）PUT：用于修改某个内容，若不存在则添加。
（4）DELETE：删除某个内容。
（5）OPTIONS：询问可以执行哪些方法。
（6）HEAD：类似于 GET，但是不返回 body 信息，用于检查对象是否存在，以及得到对象的元数据。
（7）CONNECT：用于代理进行传输，如使用 SSL。
（8）TRACE：用于远程诊断服务器。

4. RestTemplate

简单说 RestTemplate 就是简化了发起 HTTP 请求以及处理响应的过程，并且支持 REST 的一个模板类。

借助 RestTemplate，Spring 应用能够方便地使用 REST 资源，Spring 的 RestTemplate 访问使用了模板方法的设计模式。模板方法将过程中与特定实现相关的部分委托给接口，而这个接口的不同实现定义了接口的不同行为。

RestTemplate 定义了 36 个与 REST 资源交互的方法，其中的大多数都对应于 HTTP 的方法，部分方法介绍如下：

- delete()：在特定的 URL 上对资源执行 HTTP DELETE 操作。

- exchange()：在 URL 上执行特定的 HTTP 方法，返回包含对象的 ResponseEntity，这个对象是从响应体中映射得到的。
- execute()：在 URL 上执行特定的 HTTP 方法，返回一个从响应体映射得到的对象。
- getForEntity()：发送一个 HTTP GET 请求，返回的 ResponseEntity 包含响应体所映射成的对象。
- getForObject()：发送一个 HTTP GET 请求，返回的请求体将映射为一个对象。
- postForEntity()：POST 数据到一个 URL，返回包含一个对象的 ResponseEntity，这个对象是从响应体中映射得到的。
- postForObject()：POST 数据到一个 URL，返回根据响应体匹配形成的对象。
- headForHeaders()：发送 HTTP HEAD 请求，返回包含特定资源 URL 的 HTTP 头。
- optionsForAllow()：发送 HTTP OPTIONS 请求，返回对特定 URL 的 Allow 头信息。
- postForLocation()：POST 数据到一个 URL，返回新创建资源的 URL。
- put()：PUT 资源到特定的 URL。

4.1.2　Spring Cloud 中使用 RestTemplate

使用 RestTemplate，首先需要实例化 RestTemplate 类。在@Configuration 的类中，使用@Bean 实例化一个 RestTemplate。

```
@SpringBootApplication
@ComponentScan("cn.mrchi.springcloud")
public class SpringcloudEurekaUserApplication {
    @Bean
    public RestTemplate restTemplate() {  //这里是实例化 RestTemplate
        return new RestTemplate();
    }
}
```

正如上面我们所看到的，一旦初始化完成，就可以使用@AutoWired 或使用@Resource(name="restTemplate")注入到 Controller 中：

```
@RestController
public class UserController {
    @Autowired
    private RestTemplate restTemplate;
}
```

最后，通过硬编码的方式调用另一个微服务：

```
@RestController
public class UserController {
    @Autowired
    private RestTemplate restTemplate;
    /**
     * 通过硬编码的方式，调用另一个微服务，主是硬编码 URL
     */
```

```
@GetMapping("/movies/${id}")
public Movie getMovieById(@PathVariable Long id) {
    Movie movie = restTemplate.getForObject("http://localhost: 6799
/movie/"+id, Movie.class);
    return movie;
    }
}
```

虽然我们已经通过 application.yml 配置了 URL 地址，但如果要修改服务提供者的 IP 地址，则需要修改所有 application.yml 文件，配置文件修改如下：

```
#用户自定义配置
user:
 movieurl: http://localhost:6789/
```

然后在 Controller 中引用 movieurl：

```
@RestController
public class UserController {
    @Autowired
    private RestTemplate restTemplate;
    @Value("${user.movieurl}")
private String movieurl;
@GetMapping("/movies/{id}")
    public Movie getMovieById(@PathVariable Long id) {
        Movie movie = restTemplate.getForObject(movieurl+ "movie/"+id,
Movie.class);
        return movie;
    }
}
```

调用成功，如图 4-1 所示。

图 4-1

直接使用 RestTemplate 的缺点：

- 硬编码被调用的微服务的 URL。
- 不能实现负载均衡。

4.2　Ribbon 实现负载均衡

Spring Cloud Ribbon 是一个基于 HTTP 和 TCP 的客户端负载均衡工具，它基于 Netflix Ribbon

实现。通过 Spring Cloud 的封装，可以让我们轻松地将面向服务的 REST 模板请求，自动转换成客户端负载均衡的服务调用。Spring Cloud Ribbon 虽然只是一个工具类框架，它不像服务注册中心、配置中心、API 网关那样需要独立部署，但是它几乎存在于每一个 Spring Cloud 构建的微服务和基础设施中。因为微服务间的调用、API 网关的请求转发等内容，实际上都是通过 Ribbon 来实现的，包括后续我们将要介绍的 Feign，它也是基于 Ribbon 实现的工具。所以，对于 Spring Cloud Ribbon 的理解和使用，有助于我们使用 Spring Cloud 来构建微服务非常重要。

负载均衡结构如图 4-2 所示。

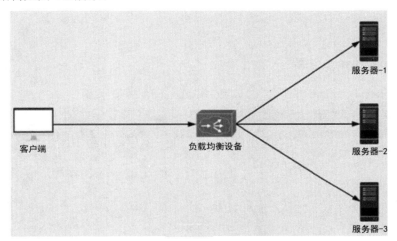

图 4-2

本案例包括三个项目，名称分别是：springcloud-eureka-server-nosec、springcloud-eureka-ribbon-client、springcloud-eureka-ribbon。其中第一个是 Eureka Server，为其他微服务提供注册服务；第二个是为客户端提供服务的一个微服务，为了测试负载均衡，该项目将被部署两次，分别部署到不同服务器上；第三个就是本节将要讲的基于 Ribbon 的客户端项目，主要通过负载均衡的方式访问其他微服务。springcloud-eureka-server-nosec、springcloud-eureka-ribbon-client 这两个项目的开发过程跟第 3 章微服务开发过程完全一致，在此不再赘述，具体代码参见本章案例源代码文件夹。下面主要讲解一下 springcloud-eureka-ribbon 的开发和测试过程。

使用 Ribbon 首先需要添加 Ribbon 的依赖：

```
<dependency>
    <groupId>org.springframework.cloud</groupId>
    <artifactId>spring-cloud-starter-netflix-ribbon</artifactId>
</dependency>
```

使用 Ribbon 实现负载均衡的非常简单，只需两步：

- 在创建 RestTemplate 时，添加@LoadBlance 注解。
- 使用 spring.application.name 作为 URL 的主体部分，即：http://${spring.application.name}/xx。如请求另一个微服务的电影资源可以使用 restTemplate.getForObject(http://springcloud-eureka-movie /movie/1，Movie.clsss)的形式。

Ribbon 默认使用轮询的方式调用微服务，以下是使用 Ribbon 进行客户端负载均衡的实现步骤。

1. 添加依赖

在 IDEA 中新建 springcloud-eureka-ribbon 项目，项目中添加对 Ribbon 的依赖，具体代码如下：

示例代码 4-1　pom.xml（文件中引入 Ribbon 部分代码）

```xml
<dependency>
    <groupId>org.springframework.cloud</groupId>
    <artifactId>spring-cloud-starter-netflix-ribbon</artifactId>
</dependency>
```

2. 添加 @LoadBlance 注解

在启动类的 RestTemplate 方法上添加 @LoadBalanced 注解，代码如下：

示例代码 4-2　SpringcloudEurekaUserApplication.java

```java
@SpringBootApplication
@ComponentScan("cn.mrchi.springcloud")
public class SpringcloudEurekaUserApplication {
    @Bean
    @LoadBalanced//Ribbon 负载均衡注解
    public RestTemplate restTemplate() {
        return new RestTemplate();
    }
    public static void main(String[] args) {
        SpringApplication.run(SpringcloudEurekaUserApplication.class, args);
    }
}
```

3. 使用 Virtual IP

再次使用 RestTemplate 调用时，需要使用 Virtual IP（虚拟 IP）。注册到 Eureka Server 中的微服务名称如图 4-3 所示。

```
spring:
  application:
    name: first-eureka-client
```

图 4-3

上图中的 spring.application.name 就是虚拟 IP。

```java
@GetMapping("/movie/{id}")
public Movie movieById(@PathVariable Long id) {
    //注意，以下 URL 为微服务的 spring.application.name 的值
    //这是 URL 也叫作 VIP(Virtual IP)即虚拟 IP
    Movie mm = restTemplate.getForObject("http://first-eureka-client /movie/"+id, Movie.class);
```

```
    return mm;
}
```

启动 springcloud-eureka-server-nosec 项目，接受微服务注册，依次开启 springcloud-eureka-ribbon-client、springcloud-eureka-ribbon 两个项目，并进行测试，访问成功的界面如图 4-4 所示。

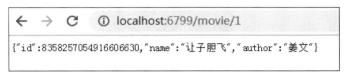

图 4-4

4. 测试负载均衡

现在将项目 springcloud-eureka-ribbon-client 打包发布到另一台主机上，这里的主机域名是 server40，并启动。

需要说明的是，当相同的 spring.application.name 向同一个 Eureka Server 注册时，会出现两个 zones，如图 4-5 所示。

Instances currently registered with Eureka

Application	AMIs	Availability Zones	Status
FIRST.EUREKA.CLIENT	n/a (2)	(2)	UP (2) - server1:first-eureka-client:6789 , server40:first-eureka-client:6789
FIRST.EUREKA.USER	n/a (1)	(1)	UP (1) - server1:first-eureka-user:6799

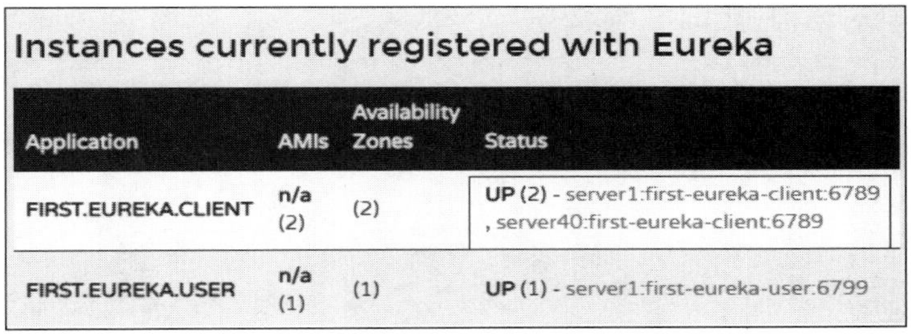

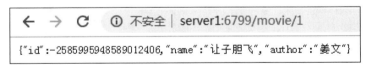

图 4-5

如图 4-6、图 4-7 所示，可以发现，通过多次刷新页面，两个 Client 通过轮寻的方式被访问。

图 4-6

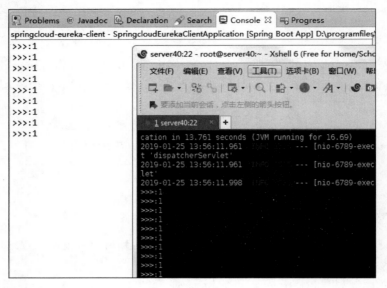

图 4-7

三个项目应用部署结构如图 4-8 所示。

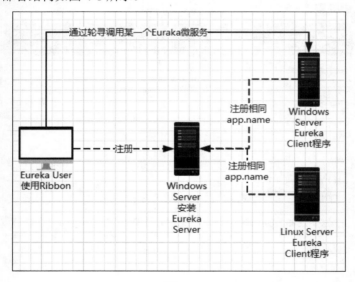

图 4-8

第 5 章

Ribbon 应用深入

在前一章中我们说过,如果项目要使用 Ribbon 则需要先引入其 Maven 依赖,其实默认情况下,Eureka 已经包含了 Ribbon。所以在导入 Eureka 后,不需要再独立依赖 Ribbon。

Maven 中 Eureka Server 的依赖关系如图 5-1 所示,可以很清楚地看到 Ribbon 的存在。

```
▲ spring-cloud-starter-netflix-eureka-server : 2.1.0.RELEASE [compile]
    ▲ spring-cloud-starter-netflix-archaius : 2.1.0.RELEASE [compile]
        spring-cloud-netflix-ribbon : 2.1.0.RELEASE [compile]
```

图 5-1

Eureka Client 中同样也包含 Ribbon,其依赖关系如图 5-2 所示。

```
▲ spring-cloud-starter-netflix-eureka-client : 2.1.0.RC3 [compile]
    ▲ spring-cloud-starter-netflix-archaius : 2.1.0.RC3 [compile]
        spring-cloud-netflix-ribbon : 2.1.0.RC3 (omitted for conflict with
```

图 5-2

在实际项目开发中,我们可能根据需要设置不同的负载均衡策略,甚至这种负载均衡算法规则需要我们通过编码自定义,这种情况下就需要使用自定义的 Ribbon Client,也需要对 Ribbon 内置的负载均衡策略有所掌握。

本章示例是在第 4 章案例代码的基础上进行扩展的,所以本章案例 springcloud-eureka-server-nosec、springcloud-eureka-ribbon-client 可以参见第 4 章。本章案例源代码文件夹下主要提供基于 Ribbon 的客户端程序,项目名称是 springcloud-eureka-user。

5.1 通过编码方式自定义 Ribbon Client

自定义 Ribbon Client 的主要作用是使用自定义配置替代 Ribbon 默认的负载均衡策略。注意，自定义的 Ribbon Client 是有针对性的，一般一个自定义的 Ribbon Client 是对一个服务提供者（包括服务名相同的一系列副本）而言的。自定义了一个 Ribbon Client，它所设定的负载均衡策略只对某一特定服务名的服务提供者有效，但不能影响服务消费者与别的服务提供者通信所使用的策略。根据官方文档的意思，推荐在 Spring Boot 主程序扫描的包范围之外进行自定义配置类。其实，纯代码自定义 Ribbon Client 有两种方式。

（1）方式一：在 Spring Boot 主程序扫描的包外定义配置类，然后为 Spring Boot 主程序添加 @RibbonClient 注解。

在 Spring Boot 主程序所在包外新建包 config，并在其中定义配置类如下：

示例代码 5-1　RibbonClientConfiguration.java

```java
//声明 IRule 根据 RibbonClientConfiguration 规则定义
@Bean
public IRule ribbonRule(IClientConfig config) {
    System.err.println(">rule");
    return new RandomRule();//随机
    //return new RoundRobinRule();//轮询
    //return new BestAvailableRule();//可见度最高
}
```

在启动类上添加注解：

```
@RibbonClient(name="ribbonclient",configuration= {RibbonClientConfig.class})
```

这里的 name 可以任意定义，而 configuration 所指向的就是我们自己配置的 Ribbon 配置类，该配置类就是一个添加了 @Configuration 注解的普通类，在该类中依照 RibbonClientConfiguration 的规则去配置相关的参数，则会在 Ribbon 客户端初始化的时候被加载。

这里我们覆盖了原来默认的负载均衡器，默认的负载均衡器为 ZoneAvoidanceRule，其策略为轮询选择，这一点我们在之前的测试中已经验证了。这里我们的覆盖类为 RandomRule()，该类提供的策略为随机的负载均衡策略，便于我们测试验证。

在当前工程下定义控制器 TestController，并定义访问客户端微服务的方法，代码如下：

示例代码 5-2　TestController.java

```java
@GetMapping("/test2")
public String test2() {
    ServiceInstance si = loadBalancerClient.choose("first-eureka-client");
    String str = si.getHost()+":"+si.getPort()+"-"+si.getServiceId();
    System.err.println(str);
    return str;
}
```

启动当前 springcloud-eureka-user 工程，以及两个不同端口的 springcloud-eureka-ribbon-client 工程和注册中心，然后再重复访问 springcloud-eureka-user 服务的 TestController 控制器中配置的"/test2"方法，我们将会观察到两个不同端口的服务控制台日志随机显示。

（2）方式二：在与 Spring Boot 主程序的同一级目录新建 RibbonClient 的配置类，但是必须在 Spring Boot 扫描的包范围内排除掉，方法是自定义注解标识配置类，然后在 Spring Boot 主程序中添加@ComponentScan 根据自定义注解类型过滤掉配置类。

自定义注解如下：

```
public @interface ExcludeFromComponentScan {
}
```

自定义配置类如下：

```
@Configuration
@ExcludeFromComponentScan
public class TestConfiguration1 {
    @Autowired
    private IClientConfig config;
    @Bean
    public IRule ribbonRule(IClientConfig config) { // 自定义为随机规则
        return new RandomRule();
    }
}
```

最后在 Spring Boot 主程序上添加@ComponentScan 注解：

```
@RibbonClient(name = "microservice-provider-user",configuration = TestConfiguration1.class)
@ComponentScan(excludeFilters={@ComponentScan.Filter(type=FilterType.ANNOTATION,value= ExcludeFromComponentScan.class)})
```

5.2 通过配置文件自定义 Ribbon Client

可以通过设置配置文件来定义 Ribbon 客户端，从 1.2 版本开始，Netflix 支持通过配置文件配置 Ribbon。

配置 Ribbon 的类如下：

```
#<clientName>.ribbon.NFLoadBalancerClassName: 需实现 ILoadBalancer
#<clientName>.ribbon.NFLoadBalancerRuleClassName: 需实现 IRule
#<clientName>.ribbon.NFLoadBalancerPingClassName: 需实现 IPing
#<clientName>.ribbon.NIWSServerListClassName: 需实现 ServerList
#<clientName>.ribbon.NIWSServerListFilterClassName: 需实现 ServerListFilter
```

需要说明的是，独立使用 Spring Cloud Ribbon，在没有引入 Spring Cloud Eureka 服务治理框架时，默认接口实现类如下：

（1）IClientConfig：Ribbon 的客户端配置，默认采用 com.netflix.cilent.config.DefaultClientConfigImpl 实现。

（2）IRule：Ribbon 的负载均衡策略，默认采用 com.netflix.loadbalancer.ZoneAvoidanceRule 实现，该策略能够在多区域环境下选择出最佳区域的实例访问。

（3）IPing：Ribbon 的实例检查策略，默认采用 com.netflix.loadbalancer.NoOpPing 实现，该检查策略是一种特殊实现方式，实际上它并不会检查实例是否可用，而是始终返回 True，默认认为所有实例都可用。

（4）ServerList<Server>：服务实例清单的维护机制，默认采用 com.netflix.loadbalancer.ConfigurationBasedServerList 实现。

（5）ServerListFilter<Server>：服务实例清单过滤机制，默认采用 org.springframework.cloud.netflix.ribbon.ZonePreferenceServerListFilter 实现，该策略能够优先过滤出与请求调用方处于同区域的服务实例。

（6）ILoadBalancer：负载均衡器，默认采用 com.netflix.loadbalancer.ZoneAwareLoadBalancer 实现，它具备区域感知能力。

如果 Spring Cloud Eureka 和 Spring Cloud Ribbon 结合使用，Ribbon 默认接口实现类如下：

（1）IPing：Ribbon 的实例检查策略，默认采用 com.netflix.niws.loadbalancer.NIWSDiscoveryPing 实现，该检查策略是一种特殊实现方式，实际上它并不会检查实例是否可用，而是始终返回 True，默认认为所有实例都可用。

（2）ServerList<Server>：服务实例清单的维护机制，默认采用 com.netflix.niws.loadbalancer.DiscoveryEnabledNIWSServerList 实现，将所有服务清单交给 Eureka 的服务治理机制进行维护。其中最常用的是配置 Ribbon Client 的负载均衡规则，如下所示。

application.yml 中添加：

```
users:
  ribbon:
    NFLoadBalancerRuleClassName:
      com.netflix.loadbalancer.WeightedResponseTimeRule
```

自带的 IRule 实现类有以下几个：

- BestAvailableRule：选择最小请求数。
- ClientConfigEnabledRoundRobinRule：轮询。
- RandomRule：随机选择一个 Server。
- RoundRobinRule：轮询选择 Server。
- RetryRule：根据轮询的方式重试。
- WeightedResponseTimeRule：根据响应时间去分配一个 weight，weight 越低，被选择的可能性就越低（响应时间加权）。
- ZoneAvoidanceRule：根据 Server 的 zone 区域和可用性来轮询选择。

通过配置文件配置的 Ribbon，它的优先级高于通过@RibbonClient 及 Spring Cloud 默认的配置，官方说明如图 5-3 所示。

Classes defined in these properties have precedence over beans defined by using `@RibbonClient(configuration=MyRibbonConfig.class)` and the defaults provided by Spring Cloud Netflix.

图 5-3

图 5-4 所示是一个官方的示例。

To set the `IRule` for a service name called `users`, you could set the following properties:

application.yml.

```
users:
  ribbon:
    NIWSServerListClassName: com.netflix.loadbalancer.ConfigurationBasedServerList
    NFLoadBalancerRuleClassName: com.netflix.loadbalancer.WeightedResponseTimeRule
```

图 5-4

下面来看一下通过配置方式自定义 Ribbon Client 的具体实现步骤。

配置 application.yml

现在我们通过修改服务消费者项目，即 springcloud-eureka-user 项目的配置文件，在 application.yml 中添加以下配置：

示例代码 5-3　application.yml（文件中部分代码）

```yaml
#添加 Ribbon Client 用户自定义配置
first-eureka-client:
 ribbon:
   NFLoadBalancerRuleClassName: com.netflix.loadbalancer. RoundRobinRule
   #在不使用 Eureka 的情况下使用 Ribbon
   #listOfServers: 192.168.56.1:8001,192.168.56.1:8002
ribbon:
 eureka:
   enabled: true
```

TestController 中访问服务提供者的方法，代码如下：

示例代码 5-4　TestController.java（文件中部分代码）

```java
@GetMapping("/test1")
public String test1() {//调用测试
    String str = restTemplate.getForObject("http://first-eureka-client/port",
String.class);
    return str;
}
```

为了不影响测试结果，我们将之前启动类中的@RibbonClient 注解给注释掉，然后分别启动

springcloud-eureka-user 工程，两个服务提供者工程（一个 8001 端口，一个 8002 端口），二者都是来自同一个项目即 first-eureka-client 项目，通过修改 application.yml 中配置的端口号启动多次。

访问"/test1"，会出现多个微服务被轮询访问的效果。

查看后台输出的信息，如图 5-5 所示。

图 5-5

可见，由于配置的是轮询的方式，所以 8001 和 8002 端口依次出现。

现在我们修改成 RandomRule：

```
first-eureka-client:
  ribbon:
    NFLoadBalancerRuleClassName: com.netflix.loadbalancer.RandomRule
```

重新启动 user 访问方，测试访问，结果如图 5-6 所示。

图 5-6

可见，结果为随机访问。

5.3 内置的负载均衡策略

负载均衡有很多内置的策略，不同的策略其特点各不相同。下面列出一些常见的负载均衡策略，并进行对比。

1. IRule

这是所有负载均衡策略的父接口，它的核心方法就是 choose 方法，用来选择一个服务实例。

2. AbstractLoadBalancerRule

AbstractLoadBalancerRule 是一个抽象类，它主要定义了一个 ILoadBalancer，就是我们上文所介绍的负载均衡器，负载均衡器的功能我们在上文已经说得很详细了，这里就不再赘述，这里定义它的目的主要是辅助负责均衡策略，以选取合适的服务端实例。

3. RandomRule

看名字就知道，这种负载均衡策略就是随机选择一个服务实例。看源码我们知道，在 RandomRule 的无参构造方法中初始化了一个 Random 对象，然后在它重写的 choose 方法中又调用了 choose(ILoadBalancer lb, Object key)这个重载的 choose 方法，在这个重载的 choose 方法中，每次利用 random 对象生成一个不大于服务实例总数的随机数，并将该数作为下标以获取一个服务实例。

4. RoundRobinRule

RoundRobinRule 这种负载均衡策略叫作线性负载均衡策略，也就是我们在上文所说的 BaseLoadBalancer 负载均衡器中默认采用的负载均衡策略。这个类的 choose(ILoadBalancer lb, Object key)函数整体逻辑是这样的：开启一个计数器 count，在 while 循环中遍历服务清单，获取清单之前先通过 incrementAndGetModulo 方法获取一个下标，这个下标是一个不断自增长的数，下标先加 1，然后和服务清单总数取模之后获取到的（所以这个下标从来不会越界）结果，拿着结果再去服务清单列表中获取服务，每次循环计数器都会加 1，如果连续 10 次都没获取到服务，则会报一个警告信息"No available alive servers after 10 tries from load balancer: XXXX"。

5. RetryRule

看名字就知道这种负载均衡策略带有重试功能。首先 RetryRule 中又定义了一个 subRule，它的实现类是 RoundRobinRule，然后在 RetryRule 的 choose(ILoadBalancer lb, Object key)方法中，每次还是采用 RoundRobinRule 中的 choose 规则来选择一个服务实例，如果选到的实例正常，就返回；如果选择的服务实例为 null 或者已经失效，则在失效时间 deadline 之前不断地进行重试（重试时获取服务的策略还是 RoundRobinRule 中定义的策略）；如果超过了 deadline 还是没取到，则会返回一个 null。

6. WeightedResponseTimeRule

WeightedResponseTimeRule 是 RoundRobinRule 的一个子类，在 WeightedResponseTimeRule 中对 RoundRobinRule 的功能进行了扩展。WeightedResponseTimeRule 中会根据每一个实例的运行情况计算出该实例的一个权重，然后在挑选实例的时候，根据权重进行挑选，这样能够实现更优的实例调用。WeightedResponseTimeRule 中有一个名叫 DynamicServerWeightTask 的定时任务，默认情况下每隔 30 秒会计算一次各个服务实例的权重，权重的计算规则也很简单，如果一个服务的平均响应时间越短则权重越大，那么该服务实例被选中执行任务的概率也就越大。

7. ClientConfigEnabledRoundRobinRule

ClientConfigEnabledRoundRobinRule 选择策略的实现很简单，内部定义了 RoundRobinRule，choose 方法还是采用了 RoundRobinRule 的 choose 方法，所以它的选择策略和 RoundRobinRule 的选择策略一致，这里就不赘述了。

8. BestAvailableRule

BestAvailableRule 继承自 ClientConfigEnabledRoundRobinRule，它在 ClientConfigEnabledRoundRobinRule 的基础上主要增加了根据 loadBalancerStats 中保存的服务实例的状态信息，来过滤掉失效服务实例的功能，然后顺便找出并发请求最小的服务实例来使用。然而，loadBalancerStats 有可能为 null，如果 loadBalancerStats 为 null，则 BestAvailableRule 将采用它的父类即 ClientConfigEnabledRoundRobinRule 的服务选取策略（线性轮询）。

9. PredicateBasedRule

PredicateBasedRule 是 ClientConfigEnabledRoundRobinRule 的一个子类，它先通过内部定义的一个过滤器过滤出一部分服务实例清单，然后再采用线性轮询的方式，从过滤出来的结果中选取一个服务实例。

10. ZoneAvoidanceRule

ZoneAvoidanceRule 是 PredicateBasedRule 的一个实现类，只不过这里多了一个过滤条件，ZoneAvoidanceRule 中的过滤条件是以 ZoneAvoidancePredicate 为主过滤条件和以 AvailabilityPredicate 为次过滤条件组成的一个叫作 CompositePredicate 的组合过滤条件。过滤成功之后，继续采用线性轮询的方式从过滤结果中选择一个出来。

IRule 包含的子类结构如图 5-7 所示。

```
▲ ❶ IRule - com.netflix.loadbalancer
    ▲ ⒶAbstractLoadBalancerRule - com.netflix.loadbalancer
        ▲ Ⓒ ClientConfigEnabledRoundRobinRule - com.netflix.loadbalancer
            Ⓒ BestAvailableRule - com.netflix.loadbalancer
            ▲ ⒶPredicateBasedRule - com.netflix.loadbalancer
                Ⓒ AvailabilityFilteringRule - com.netflix.loadbalancer
                Ⓒ ZoneAvoidanceRule - com.netflix.loadbalancer
        Ⓒ RandomRule - com.netflix.loadbalancer
        Ⓒ RetryRule - com.netflix.loadbalancer
        ▲ Ⓒ RoundRobinRule - com.netflix.loadbalancer
            Ⓖ ResponseTimeWeightedRule - com.netflix.loadbalancer
            Ⓒ WeightedResponseTimeRule - com.netflix.loadbalancer
```

图 5-7

Ribbon 自带负载均衡策略比较如表 5-1 所示。

表5-1　Ribbon自带负载均衡策略比较

内置负载均衡规则类	规则描述
RoundRobinRule（默认）	简单轮询服务列表来选择服务器。它是 Ribbon 默认的负载均衡规则
AvailabilityFilteringRule	对以下两种服务器进行忽略： （1）在默认情况下，这台服务器如果 3 次连接失败，就会被设置为"短路"状态。短路状态将持续 30 秒，如果再次连接失败，短路的持续时间就会几何级地增加。 注意：可以通过修改配置 loadbalancer.<clientName>.connectionFailureCountThreshold 来修改连接失败多少次之后被设置为短路状态。默认是 3 次。 （2）并发数过高的服务器。如果一个服务器的并发连接数过高，配置了 AvailabilityFilteringRule 规则的客户端也会将其忽略。并发连接数的上线，可以由客户端的 <clientName>.<clientConfigNameSpace>.ActiveConnectionsLimit 属性进行配置
WeightedResponseTimeRule	为每一个服务器赋予一个权重值。服务器响应时间越长，这个服务器的权重就越小。这个规则会随机选择服务器，这个权重值会影响服务器的选择
ZoneAvoidanceRule	以区域可用的服务器为基础进行服务器的选择。使用 Zone 对服务器进行分类，这个 Zone 可以理解为一个机房、一个机架等
BestAvailableRule	忽略那些短路的服务器，并选择并发数较低的服务器
RandomRule	随机选择一个可用的服务器
Retry	重试机制的选择逻辑

5.4　脱离 Eureka 使用 Ribbon

如果微服务中使用了 Eureka，则可以通过如下方法禁用 Eureka：

```
ribbon:
 eureka:
  enabled: false
```

因为没有使用 Eureka，所以也无法根据 spring.application.name 解析服务器列表，此时，必须在配置文件中配置服务器的列表，如下所示：

```
first-eureka-client: #这儿是连接的 spring.application.name 的值
 ribbon:
    #在不使用 Eureka 的情况下使用 Ribbon
 listOfServers: 192.168.56.1:8001, 192.168.56.1:8002
```

现在我们看一下如何在没有 Eureka 的情况下使用 Ribbon 的具体步骤。

1. 禁用 Eureka 并添加服务器列表

在微服务程序中，禁用 Eureka 或是在 pom.xml 中直接删除 eureka-client 依赖，两者选择一个即可。

禁用 Eureka，在 application.yml 中添加：

```yaml
ribbon:
  eureka:
    enabled: false
```

添加服务器列表，其中 listOfServers 为服务器列表：

```yaml
#添加 Ribbon Client 用户自定义配置
first-eureka-client:
  ribbon:
    NFLoadBalancerRuleClassName: com.netflix.loadbalancer.RandomRule
    listOfServers: 192.168.56.1:8001, 192.168.56.1:8002
```

或是在是 pom.xml 文件，删除 netflix-eureka-client 的依赖，但必须拥有 Ribbon 的依赖：

```xml
<!-- <dependency>
        <groupId>org.springframework.cloud</groupId>
        <artifactId>spring-cloud-starter-netflix-eureka-client</artifactId>
    </dependency> -->
<dependency>
    <groupId>org.springframework.cloud</groupId>
    <artifactId>spring-cloud-starter-netflix-ribbon</artifactId>
</dependency>
```

2. 启动微服务项目

由于已经禁用了 Eureka，因此，启动项目以后，Web 功能可以正常使用，但在 Eureka Server 的服务列表中，并不会显示此微服务的名称。

图 5-8 中所示并没有添加新的微服务。

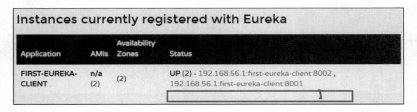

图 5-8

3. 访问

使用之前访问的代码访问即可，不用修改任何的代码。

```java
@RestController
public class TestController {
    @Autowired
    private RestTemplate restTemplate;
    @Autowired
    private LoadBalancerClient loadBalancerClient;
    @GetMapping("/test1")
```

```java
    public String test1() {//调用测试
        String str = restTemplate.getForObject("http://first-eureka-client/port",
String.class);
        return str;
    }
    @GetMapping("/test2")
    public String test2() {
        ServiceInstance si = loadBalancerClient.choose("first-eureka-client");
        String str = si.getHost()+":"+si.getPort()+"-"+si.getServiceId();
        System.err.println(str);
        return str;
    }
    @GetMapping("/test")
    public String test(HttpServletRequest req) {
        String str
=req.getScheme()+"://"+req.getServerName()+":"+req.getServerPort()+"/";
        return str;
    }
}
```

测试结果如下。因为在 application.yml 中已经设置了 RandomRule 即随机访问，所以结果随机出现：

```
192.168.56.1:8002-first-eureka-client
192.168.56.1:8002-first-eureka-client
192.168.56.1:8002-first-eureka-client
192.168.56.1:8001-first-eureka-client
192.168.56.1:8001-first-eureka-client
192.168.56.1:8002-first-eureka-client
192.168.56.1:8001-first-eureka-client
192.168.56.1:8001-first-eureka-client
192.168.56.1:8002-first-eureka-client
192.168.56.1:8002-first-eureka-client
192.168.56.1:8001-first-eureka-client
192.168.56.1:8001-first-eureka-client
192.168.56.1:8001-first-eureka-client
```

第 6 章

基于 Feign 的服务间通信

本章将主要对基于 Feign 的服务间通信进行讲解。

Feign 是 Netflix 开发的、声明式的、模板化的 HTTP 客户端。Feign 可以帮助我们更快捷、优雅地调用 HTTP API。在 Spring Cloud 中，使用 Feign 非常简单，只需要创建一个接口，并在接口上添加一些注解，代码就完成了。Feign 支持多种注解，例如 Feign 自带的注解或者 JAX-RS 注解等。

Spring Cloud 对 Feign 进行了增强，使 Feign 支持 Spring MVC 注解，并整合 Ribbon 和 Eureka，从而让 Feign 的使用更加方便。Spring Cloud Feign 基于 Netflix feign 实现，整合了 Spring Cloud Ribbon 和 Spring Cloud Hystrix，除了提供这两者的强大功能外，还提供了一种声明式的 Web 服务客户端定义的方式。

Spring Cloud Feign 帮助我们定义和实现依赖服务接口。在 Spring Cloud Feign 的实现下，只需要创建一个接口并用注解方式配置它，即可完成服务提供方的接口绑定，简化了在使用 Spring Cloud Ribbon 时自行封装服务调用客户端的开发量。

Spring Cloud Feign 具备可插拔的注解支持，支持 Feign 注解、JAX-RS 注解和 Spring MVC 的注解。

开发 Feign Client 需要以下过程：

- 添加依赖 org.springframework.cloud：spring-cloud-starter-openfeign。
- 添加注解：@EnableFeignClients。
- 开发接口并添加注解：@FeignClient("stores")。

6.1 Feign 快速入门

1. 项目介绍

本案例包括三个项目，分别是 springcloud-eureka-user-feign、springcloud-eureka-movie、springcloud-eureka-server，在文件夹中显示如图 6-1 所示。

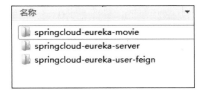

图 6-1

其中 springcloud-eureka-server 为服务发现注册中心,而 eureka-movie 和 user-feign 为两个微服务程序。

springcloud-eureka-movie 的 application.yml 配置文件如图 6-2 所示。

```
server:
  port: 6789
spring:
  application:
    name: eureka-movie
eureka:
  instance:
    prefer-ip-address: true
  client:
    enabled: true
    service-url:
      defaultZone: http://Jack:1234@server1:8761/eureka/
logging:
  level:
    root: INFO
```

图 6-2

在 springcloud-eureka-movie 中提供了一些方法可以访问,这些方法都是用于测试的,代码如下:

示例代码 6-1　MovieController.java

```java
@RestController
public class MovieController {
    @Value("${server.port}")
    private String port;
    @GetMapping("/port")
    public String getPort() {
        return "返回自: "+port;
    }
    /** * 测试 FeignClient 接收参数返回 Bean */
    @GetMapping("/movie/{id}")
    public Movie movieById(@PathVariable(name="id")Long id) {
        Movie movie = new Movie();
        movie.setId(new Random().nextLong());
        movie.setName("端口"+port);
        movie.setAuthor("姜文");
        return movie;
    }
}
```

```
    /** * 测试Post请求   */
    @PostMapping("/movie/post")
    public Movie moviePost(@RequestBody()Movie movie) {
        movie.setId(new Random().nextLong());
        movie.setName(movie.getName()+port);
        return movie;
    }
}
```

2. 创建新项目添加 Feign 依赖

创建新微服务项目，名称为 springcloud-eureka-user-feign，并添加 Feign 依赖，如图 6-3 所示。

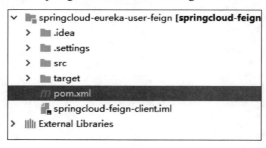

图 6-3

在 pom.xml 中添加依赖 openfeign，代码如下：

示例代码 6-2　pom.xml（文件中部分代码）

```xml
<dependency>
    <groupId>org.springframework.cloud</groupId>
    <artifactId>spring-cloud-starter-openfeign</artifactId>
</dependency>
```

注意，eureka-client 的依赖还是需要的，不能删除：

```xml
<dependency>
    <groupId>org.springframework.cloud</groupId>
    <artifactId>spring-cloud-starter-netflix-eureka-client</artifactId>
</dependency>
```

3. 添加注解开发接口

在 springcloud-eureka-user-feign 项目的启动类上，添加@EnableFeignClients 注解，如图 6-4 所示。

```
import org.springframework.boot.SpringApplication;
import org.springframework.boot.autoconfigure.SpringBootApplication;
import org.springframework.cloud.openfeign.EnableFeignClients;
@SpringBootApplication
@EnableFeignClients
public class SpringcloudFeignClientApplication {
    public static void main(String[] args) {
        SpringApplication.run(SpringcloudFeignClientApplication.class, args);
    }
}
```

图 6-4

开发接口，并添加@FeignClient 注解，如图 6-5 所示。

```
@FeignClient(value="eureka-movie")
public interface IMovieFeignClient {
    @GetMapping("/port")//注意在spring cloud 1.x版本不支持GetMapping到2.x以后，支持了
    public String test1();
    /** 测试调用eureka-movie的get请求，返回Movie对象*/
    @GetMapping("/movie/{id}")
    public Movie getMovieById(@PathVariable(name="id")Long id);
    /**测试调用eureka-movie的Post请求*/
    @PostMapping("/movie/post")
    public Movie postMovie(Movie movie);
}
```

图 6-5

接口的完整代码如下：

示例代码 6-3　IMovieFeignClient.java

```java
@FeignClient(value="eureka-movie")
public interface IMovieFeignClient {
    @GetMapping("/port")//注意，在 Spring Cloud 1.x 版本不支持 GetMapping，但是到 2.x
版本以后，就支持了
    public String test1();
    /** 测试调用 eureka-movie 的 get 请求，返回 Movie 对象*/
    @GetMapping("/movie/{id}")
    public Movie getMovieById(@PathVariable(name="id")Long id);
    /**测试调用 eureka-movie 的 Post 请求*/
    @PostMapping("/movie/post")
    public Movie postMovie(Movie movie);
}
```

> **说　明**
>
> @FeignClient 中 value 的值表示另一个微服务项目的 spring.application.name 的 id。

Feign 则会完全代理 HTTP 请求，我们只需要像调用方法一样调用它，就可以完成服务请求及相关处理。使用 Feign 时，我们在客户端编写声明式 REST 服务接口，并使用这些接口来编写客户端程序。开发人员不用担心这个接口的实现，这将在运行时由 Spring 动态配置。通过这种声明性的方法，开发人员不需要深入了解由 HTTP 提供的关于 HTTP 级别 API 和 RestTemplate 的细节。

4. 开发 Controller 调用接口的方法测试

现在就可以开发 Controller，并在控制器中直接注入调用@FeignClient 接口的方法，如图 6-6 所示。

```
@RestController
public class FeignClientController {
    @Autowired
    private IMovieFeignClient movieFeignClient;
    @GetMapping("/feign-test1")
    public String feignTest1() {
        return movieFeignClient.test1();
    }
    /** 测试get参数，返回Bean*/
    @GetMapping("/feign-test2/{id}")
    public Movie movieById(@PathVariable(name="id")Long id) {
        return movieFeignClient.getMovieById(id);
    }
    /**测试Post，请PostMan传递Movie参数 */
    @PostMapping(value="/feign-test3")
    public Movie moviePost(Movie movie) {
        Movie mm  = movieFeignClient.postMovie(movie);
        return mm;
    }
}
```

图 6-6

完整代码如下：

示例代码 6-4　FeignClientController.java

```java
@RestController
public class FeignClientController {
    @Autowired
    private IMovieFeignClient movieFeignClient;
    @GetMapping("/feign-test1")
    public String feignTest1() {
        return movieFeignClient.test1();
    }
    /** 测试 get 参数，返回 Bean*/
    @GetMapping("/feign-test2/{id}")
    public Movie movieById(@PathVariable(name="id")Long id) {
        return movieFeignClient.getMovieById(id);
    }
    /**测试 Post，请 Postman 传递 Movie 参数 */
    @PostMapping(value="/feign-test3")
    public Movie moviePost(Movie movie) {
        Movie mm  = movieFeignClient.postMovie(movie);
        return mm;
    }
}
```

5. 启动测试

启动以后，查看 8761 端口，可见 eureka-movie 启动了两个微服务器，user-feign 启动一个。现在我们从 user-feign 调用 eureka-movie 测试，如图 6-7 所示。

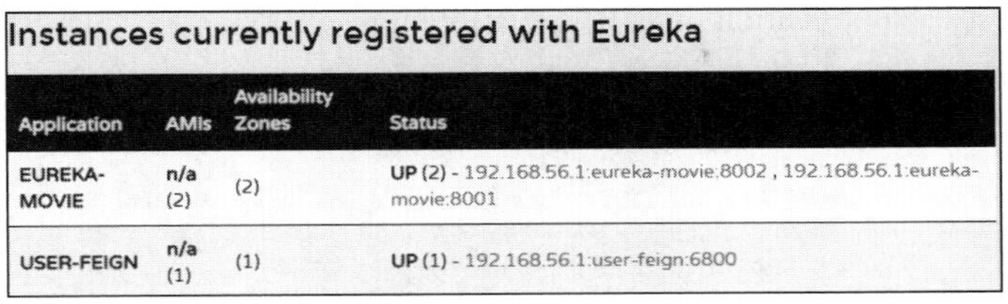

图 6-7

测试/feign-test1，效果如图 6-8 所示。

图 6-8

测试/feign-test2/{id}（{id}为 1），效果如图 6-9 所示。

图 6-9

由于/feign-test3 是一个 post 请求，所以下使用 Postman 工具发起 post 请求进行测试，效果如图 6-10 所示。

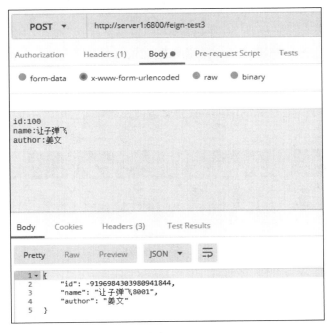

图 6-10

返回的结果表明访问都能成功。

同时，经过测试，在 application.yml 中配置 Ribbon 的负载均衡对 Feign 同样生效：

```
eureka-movie:
  ribbon:
    NFLoadBalancerRuleClassName: com.netflix.loadbalancer.RandomRule
```

6.2　自定义 Feign 配置

自定义 Feign 配置官网参考地址：https://cloud.spring.io/spring-cloud-static/Greenwich.RELEASE/single/spring-cloud.html#spring-cloud-feign-overriding-defaults。

可以通过自定义配置文件，覆盖 Feign 的默认配置@FeignClient(name="xx", configuration=Some.class)，其中 configuration 默认使用 FeignClientsConfiguration。而且，每一个@FeignClient 都有一个独立的 ApplicationContext 容器。

FeignClientsConfiguration 中的默认定义如下：

- Decoder feignDecoder： ResponseEntityDecoder（其中包含 SpringDecoder）。
- Encoder feignEncoder： SpringEncoder。
- Logger feignLogger： Slf4jLogger。
- Contract feignContract： SpringMvcContract，默认使用 SpringMvcContract 注解规范。
- Feign.Builder feignBuilder： HystrixFeign.Builder。
- Client feignClient： 如果 Ribbon 可用，它就是一个 LoadBalancerFeignClient，否则就使用默认的 Feign Client。

以下再重新定义一个 configuration，使用 Feign Client 的默认的 Contract（规约）。

1. 定义配置文件

Feign 的配置文件通过@Configuration 来定义，但不能包含在@ComponentScan 扫描的包中。自定义配置类如下：

示例代码 6-5　MyFeignConfig.java

```java
package cn.mrchi.config;
import org.springframework.context.annotation.Bean;
import org.springframework.context.annotation.Configuration;
import feign.Contract;
/**Feign 配置文件，需要添加@Configuration 注解，此类与
 Ribbon 的@Configuration 相同，不能放到@ComponentScan 包下*/
@Configuration
public class MyFeignConfig {
    @Bean
    public Contract feignContract() {
        return new feign.Contract.Default();//默认使用 Feign 的注解
```

}
}

2. 定义 Feign 接口

以下通过 configuration=.. 来指定上面定义的配置类。通过自定义 Configuration 覆盖 Feign 的默认配置，从 GitHub 上通过搜索 Feign 可知配置方式，代码如下：

示例代码 6-6　IMovieFeignClientDefaultContract.java

```java
@FeignClient(name="eureka-movie", configuration=MyFeignConfig.class)
public interface IMovieFeignClientDefaultContract {
    //将之前的@GetMapping 修改掉，下同
    @RequestLine("GET /port")
    public String test1();
    @RequestLine("GET /movie/{id}")
    public Movie getMovieById(@Param("id")Long id);
    @RequestLine("POST /movie/post")
    public Movie postMovie(Movie movie);
}
```

3. 定义 Controller 调用 Feign 接口

Controller 的完整代码：

示例代码 6-7　FeignClientController2.java

```java
@RestController
public class FeignClientController2 {
    @Autowired // 注入 FeignClient
    private IMovieFeignClientDefaultContract client;
    @GetMapping("/feign2-test1")
    public String test1() {
        return client.test1();
    }
    @GetMapping("/feign2-test2/{id}")
    public Movie test2(@PathVariable(name="id")Long id) {
            return client.getMovieById(id);
    }
    @PostMapping("/feign2-test3")
    public Movie test3(Movie movie) {
        return client.postMovie(movie);
    }
}
```

4. 测试

以下调用测试，效果如图 6-11 所示。

图 6-11

> **注 意**
>
> 两个 Feign 接口中@FeignClient 拥有相同的 name，但是拥有不同的 configuration 则是错误的。如以下定义是错误的：
>
> ```
> @FeignClient(value="eureka-movie")
> public interface IMovieFeignClient {
> ```
>
> 接口 1 上 name 为 eureka-movie；接口 2 上 name 也为 eureka-movie：
>
> ```
> @FeignClient(name="eureka-movie",configuration=MyFeignConfig.class)
> public interface IMovieFeignClientDefaultContract {
> ```
>
> 但是，如果@FeignClient 定义的 name 和 configuration 相同，则使用以下代码是正确的：
>
> ```
> @FeignClient(value="eureka-movie")
> public interface IMovieFeignClient {
> ```
>
> 两个接口中的 name 和 configuration 相同：
>
> ```
> @FeignClient(name="eureka-movie")
> public interface IMovieFeignClientDefaultContract {
> ```

注意，后面的配置会覆盖前面的配置，所以必须在 application.yml 中添加允许覆盖的配置，如图 6-12 所示。

```
spring:
  application:
    name: user-feign
  main:
    allow-bean-definition-overriding: true
```

图 6-12

6.3　Feign 接口日志配置

每一个被创建的 Feign 客户端都会有一个 logger。该 logger 默认的名称为 Feign 客户端对应的接口的全限定名。Feign 日志记录只能响应 DEBUG 日志级别。

1. 配置日志

根据官方说明，日志级别只识别 DEBUG 级别，且要设置具体的接口名称。

```
logging:
    level:
    root: INFO
    cn.mrchi.springcloud.feign.IMovieFeignClient: DEBUG
    cn.mrchi.springcloud.feign.IMovieFeignClientDefaultContract: DEBUG
```

2. 在配置类是设置为 FULL

```
/**Feign 配置文件，需要添加@Configuration 注解，最此类与
Ribbon 的@Configuration 相同，不能放到@ComponentScan 包下*/
@Configuration
public class MyFeignConfig {
    @Bean
    public Logger.Level feignLoggerLevel() {
        return Logger.Level.FULL;
    }
}
```

3. 访问查看日志

具体日志如图 6-13 所示。

```
---> GET http://eureka-movie/movie/93 HTTP/1.1
---> END HTTP (0-byte body)
<--- HTTP/1.1 200 (11ms)
content-type: application/json;charset=UTF-8
date: Sun, 27 Jan 2019 13:41:33 GMT
transfer-encoding: chunked

{"id":-4962882397636077418,"name":"端口8003","author":"姜文"}
<--- END HTTP (65-byte body)
```

图 6-13

第 7 章

微服务集群的高可靠

在微服务架构这样的分布式环境中,我们不可能使用单节点的服务注册中心,因为如果单节点宕掉了,那整个项目都会崩溃。所以需要构建高可用的服务注册中心,以增强系统的可用性。

在 Eureka 的服务治理设计中,所有节点既是服务提供方,也是服务消费方,服务注册中心也不例外。在之前章节中我们说到需要配置以下两个属性,不让服务端自己注册自己:

```
eureka.client.register-with-eureka: false
eureka.client.fetch-registry: false
```

但是,Eureka Server 的高可用实际上就是将自己作为服务向其他服务注册中心注册自己,这样就可以形成一组互相注册的服务注册中心。

7.1 Eureka Server 实现高可靠

Eureka Server 通过互相注册实现高可靠,如图 7-1 所示。

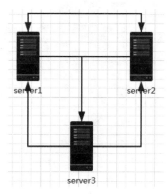

图 7-1

可以通过修改配置文件 application.yml 实现高可靠，Eureka Server 之间互相注册到对方服务器，成为微服务。

接下来，配置一个 Eureka Server 的高可靠实例。本章案例源码文件夹下面有三个项目，如图 7-2 所示。

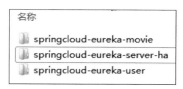

图 7-2

其中，springcloud-eureka-server-ha 是高可用的服务注册中心，该项目下可以配置多个 profiles，并使用不同的端口号。另外两个项目 movie 和 user 都是前面章节的案例，其中 movie 是服务提供者，里面包括访问电影的方法，user 是基于 RestTemplate 或 Feign 机制来进行访问的微服务消费者。

1. 创建 Eureka Server 项目

创建 Eureka Discovery Server 项目，名称为 springcloud-eureka-server-ha，如图 7-3 所示。

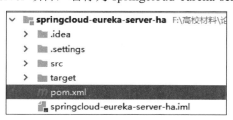

图 7-3

添加 eureka-server 的依赖，代码如下：

示例代码 7-1　pom.xml

```xml
<dependency>
    <groupId>org.springframework.cloud</groupId>
    <artifactId>spring-cloud-starter-netflix-eureka-server</artifactId>
</dependency>
```

2. 配置文件

添加 classpath:application.yml 配置文件，配置以下内容：

示例代码 7-2　application.yml

```yaml
server:
  port: 8761
spring:
  profiles: profile1
  application:
    name: eureka-server-ha
```

```yaml
eureka:
  instance:
    hostname: host1
  client:
    service-url:
      defaultZone: http://host2:8762/eureka/,http://host3:8763/eureka/
---
server:
  port: 8762
spring:
  profiles: profile2
  application:
    name: eureka-server-ha
eureka:
  instance:
    hostname: host2
  client:
    service-url:
      defaultZone: http://host1:8761/eureka/,http://host3:8763/eureka/
---
server:
  port: 8763
spring:
  profiles: profile3
  application:
    name: eureka-server-ha
eureka:
  instance:
    hostname: host3
  client:
    service-url:
      defaultZone: http://host1:8761/eureka/,http://host2:8762/eureka/
```

配置文件说明:

（1）---（三条短划线）表示一个配置的完成。具体功能请参见 1.2.2 小节中讲解的 yml 语法。

（2）每一个配置都有一个 spring.profiles:xxx，规定这一段配置属于哪一个 profile。在命令行中，可以使用"#java -jar -Dspring.profiles.active=profile1 xxx.jar"的方式启动 Eureka Server。

（3）defaultZone 是将自己注册到其他两个 Eureka Server 的地址值。

（4）基本默认值如下：

- eureka.client.register-with-eureka: true：是否将自己注册到其他 Eureka Server。
- eureka.client.fetch-registry: true：是否从其他 Eureka Server 中获取注册信息。
- eureka.client.enabled: true：是否注册为 Eureka 的客户端。

注意：在本地搭建 Eureka Server 集群，需要修改本地的 host。Windows 系统的电脑在

c:/windows/systems/drivers/etc/hosts 中修改，Mac 系统的电脑通过终端 vim/etc/hosts 进行修改。修改内容如下：

```
127.0.0.1 host1
127.0.0.1 host2
127.0.0.1 host3
```

也可以配置成以下形式，即将 defaultZone 配置成公共的部分，然后这些 Eureka Server 会互相连接：

```
spring:
  application:
    name: eureka-server-ha
eureka:
  client:
    service-url:
      defaultZone: http://host1:8761/eureka/，http://host2:8762/eureka/，http://host3:8763/eureka/
---
server:
  port: 8761
spring:
  profiles: profile1
eureka:
  instance:
    hostname: host1
---
server:
  port: 8762
spring:
  profiles: profile2
eureka:
  instance:
    hostname: host2
---
server:
  port: 8763
spring:
  profiles: profile3
eureka:
  instance:
    hostname: host3
```

3. 在 IDEA 中启动

分别启动三次，输入不同的 profiles，如图 7-4 所示。

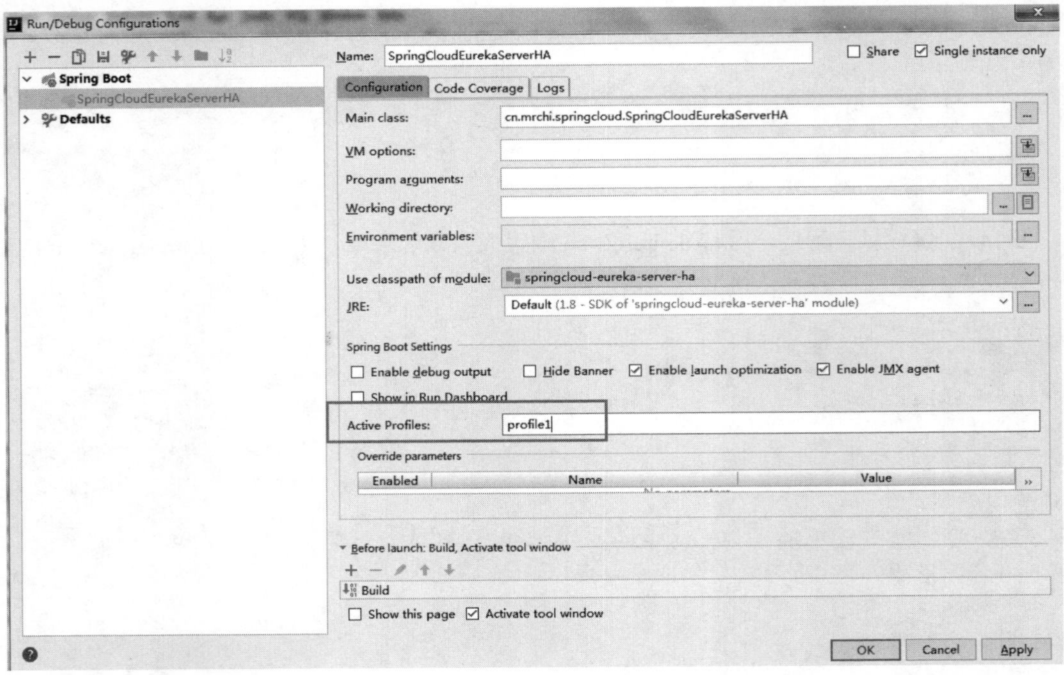

图 7-4

启动完成以后，查看 8761、8762、8763 端口，如图 7-5 所示。

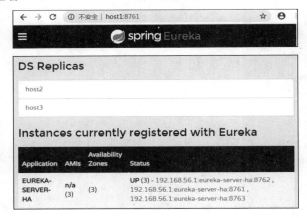

图 7-5

4. 添加安全

依然还是使用 Spring Security 添加安全。

首先在 pom.xml 添加依赖，加入 Spring Security 的依赖：

示例代码 7-3　application.yml（文件中部分代码）

```
<dependency>
    <groupId>org.springframework.boot</groupId>
```

```xml
    <artifactId>spring-boot-starter-security</artifactId>
</dependency>
```

在 application.yml 中配置用户名和密码：

示例代码 7-4　application.yml（文件中部分代码）

```yaml
spring:
  application:
    name: eureka-server-ha
  security:
    user:
      name: Mary
      password: 1234
eureka:
  client:
    service-url:
defaultZone:http://Mary:1234@host1:8761/eureka/,http://Mary:1234@host2:8762/eureka/,http://Mary:1234@host3:8763/eureka/
```

Spring Security 提供的跨站请求伪造防护功能，当我们继承 WebSecurityConfigurerAdapter 的时候，会默认自动开启 CSRF 方法，这里需要将其禁用。

示例代码 7-5　SpringSecurityConfig.java

```java
@EnableWebSecurity
public class SpringSecurityConfig extends WebSecurityConfigurerAdapter {
    @Override
    public void configure(HttpSecurity http) throws Exception {
        super.configure(http);
        http.csrf().disable();//禁用CSRF
    }
}
```

5. 注册服务消费者并使用 RestTemplate 访问

我们采用 RestTemplate 方式访问服务，代码与之前的项目相同，具体参照 springcloud-eureka-user 项目，使用 Ribbon 的 RestTemplate 访问的 UserController 源代码如下：

示例代码 7-6　UserController.java（springcloud-eureka-user 项目）

```java
@RestController
public class UserController {
    @Autowired//在@Configuration 中使用@Bean 声明它的实例后再注入
    private RestTemplate restTemplate;
    @Autowired//判断获取是哪一个客户端，直接注入就可以使用
    private LoadBalancerClient loadBalancerClient;
    //去调用 movie 微服务
    @GetMapping("/test")
```

```
    public String queryMovie() {
        String mm = restTemplate.getForObject("http://eureka-movie/test",
String.class);
        return mm;
    }
    @GetMapping("/test2")
    public String balance() {
        ServiceInstance si =  loadBalancerClient.choose("eureka-movie");
        String str = si.getHost()+":"+si.getPort();
        System.err.println(str);
        return str;
    }
}
```

服务提供者项目参照 springcloud-eureka-movie 项目，提供服务的 MovieController 代码如下：

示例代码 7-7 MovieController.java（springcloud-eureka-movie 项目）

```
@RequestMapping("/movie/test")
public String movieTest() {
   Movie movie = new Movie();
   movie.setId(new Random().nextLong());
   movie.setName("端口"+port);
   movie.setAuthor("姜文");
   return movie.getName()+"--"+movie.getAuthor();
}
```

由于服务集群已经开启，接下来分别启动 springcloud-eureka-movie、springcloud-eureka-user 两个微服务，让它们注册到服务集群中，启动后查看 http://host1:8761，即第一台注册中心，所有注册的服务如图 7-6 所示。

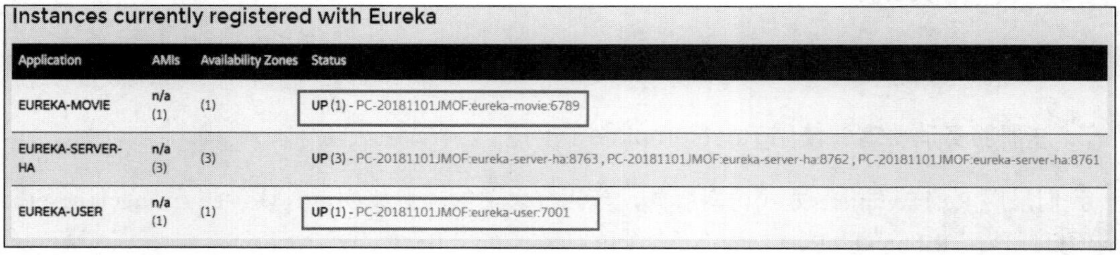

Instances currently registered with Eureka

Application	AMIs	Availability Zones	Status
EUREKA-MOVIE	n/a (1)	(1)	UP (1) - PC-20181101JMOF:eureka-movie:6789
EUREKA-SERVER-HA	n/a (3)	(3)	UP (3) - PC-20181101JMOF:eureka-server-ha:8763 , PC-20181101JMOF:eureka-server-ha:8762 , PC-20181101JMOF:eureka-server-ha:8761
EUREKA-USER	n/a (1)	(1)	UP (1) - PC-20181101JMOF:eureka-user:7001

图 7-6

比如，springcloud-eureka-user 按照配置 defaultZone: http://Jack:1234@server1:8761/eureka/，应该配置到 8761 端口的注册中心服务器上，但因为配置了高可用集群，所以我们会看到该服务同样可以在其他两台注册中心服务器上出现。

7.2 Eureka 的一些配置及解释

1. 通用配置

- spring.application.name=xxx：应用名称配置，将会出现在 Eureka 注册中心 Application 列。
- server.port=8701：应用端口，默认值为 8761。
- eureka.instance.hostname= server1：服务注册中心应用实例主机名。
- eureka.instance.ip-address=127.0.0.1：应用实例 IP。
  eureka.instance.prefer-ip-address=false：客户端向注册中心注册时，相较于 hostname 是否有限使用 IP。在服务中心注册后，鼠标放到服务的 Status 列的链接上，无须点击，左下角就能看出配置的变化。
- eureka.instance.environment=dev：该实例的环境配置。
- eureka.client.register-with-eureka=false：是否将自己注册到 Eureka 注册中心。单机情况下的 Eureka Server 不需要注册，集群的 Eureka Server 以及 Eureka Client 需要注册。默认值为 true。
- eureka.client.fetch-registry=false：是否需要从注册中心检索获取服务的注册信息。单机情况下的 Eureka Server 不需要获取。集群的 Eureka Server 以及 Eureka Client 需要获取。默认值为 true。
- eureka.client.service-url.defaultZone= http://${spring.security.user.name}:${spring.security.user.password}@server1:8081/eureka/：Eureka 服务的地址信息，中间的占位符为安全认证开启时使用，如果 Eureka Server 为集群状态，则使用逗号分隔，并依次书写即可。

2. Eureka Server 配置

- eureka.server.enable-self-preservation = false：是否开启自我保护模式，eureka server 默认在运行期间会去统计心跳失败比例在 15 分钟之内是否低于 85%，如果低于 85%，Eureka Server 会将这些实例保护起来，让这些实例不会过期，但是在保护期内如果服务刚好这个服务提供者非正常下线了，此时服务消费者就会拿到一个无效的服务实例，此时会调用失败。默认为 true。
- eureka.server.eviction-interval-timer-in-ms=10000：扫描失效服务的时间间隔。单位为毫秒。默认值为 60 * 1000。
- security.basic.enabled=true：开启 Eureka 安全认证。
- spring.security.user.name=root：安全认证用户名。
- spring.security.user.password=123456：安全认证密码。

3. Eureka Client 配置

- eureka.client.registry-fetch-interval-seconds=30：客户端获取服务注册信息时间间隔。默认为 30，单位为秒。
- eureka.instance.appname=eureka-client：服务名，默认取 spring.application.name 的配置值，如果没有则为 unknown。

- eureka.instance.lease-expiration-duration-in-seconds=90：服务的失效时间，失效的服务将被注册中心删除。时间间隔为最后一次注册中心接收到的心跳时间。默认为90，单位为秒。
- eureka.instance.lease-renewal-interval-in-seconds=30：应用实例给注册中心发送心跳的间隔时间，用于表明该服务实例可用。默认为30，单位为秒。
- eureka.client.eureka-server-connect-timeout-seconds=5：client 连接 Eureka 注册中心的超时时间。默认为5，单位为秒。
- eureka.client.eureka-server-read-timeout-seconds=8：client 对 Eureka 服务器读取信息的超时时间。默认为8，单位为秒。
- eureka.client.eureka-connection-idle-timeout-seconds=30：client 连接 Eureka 服务端后空闲等待时间。默认为30，单位为秒。
- eureka.client.eureka-server-total-connections=200：client 到所有 Eureka 服务端的连接总数。默认为200。
- eureka.client.eureka-server-total-connections-per-host=50：client 到 Eureka 单服务端的连接总数。默认为50。

第 8 章
Spring Cloud 保护之断路器及应用

Hystrix 对应的中文名字是"豪猪",豪猪周身长满了刺,能保护自己不受天敌的伤害,代表了一种防御机制,这与 Hystrix 本身的功能不谋而合,因此 Netflix 团队将该框架命名为 Hystrix,并使用了对应的卡通形象作为徽标(Logo)。

在一个分布式系统里,许多依赖不可避免地会调用失败,比如超时、异常等,如何能够保证在一个依赖出问题的情况下,不会导致整体服务失败,这个就是 Hystrix 需要做的事情。Hystrix 提供了熔断、隔离、Fallback、cache、监控等功能,能够在一个或多个依赖同时出现问题时,保证系统依然可用。

8.1 Hystrix Fallback

如图 8-1 所示,Fallback 指的是为了给系统更好的保护,采用的降级技术。所谓降级,就是指在 Hystrix 执行非核心链路功能失败的情况下,我们如何处理,比如我们返回默认值等。

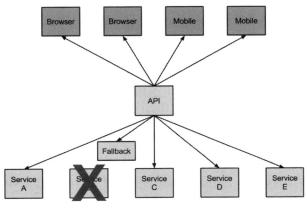

图 8-1

降级是除了熔断以外，Hystrix 的另一个重要功能。简单来说，使用 Hystrix 实现降级功能是通过覆写 HystrixCommand 中的 getFallback()，在其中实现自定义的降级逻辑来实现的。看起来很简单，但我们需要了解 getFallback()方法的执行原理，以及在不同场景中正确使用 Fallback 的方式。

下面 4 种情况会导致 Hystrix 执行 Fallback：

- 主方法抛出异常。
- 主方法执行超时。
- 线程池拒绝。
- 断路器打开。

简单理解就是：如果被调用的微服务失败，则将调用 Fallback 指定的方法。

关于 Hystrix 降级技术在微服务项目中的应用，让我们看一下具体的开发步骤。需要说明的是，本章示例代码对应的项目名称是 springcloud-eureka-user-feign-hystrix，可以参照本章案例源代码文件夹。

1. 添加依赖

首先需要新建一个 springcloud-eureka-user-feign-hystrix 名称的 Maven 项目，在 pom.xml 中引入以下依赖：

示例代码 8-1　pom.xml（文件中部分代码）

```xml
<dependency>
    <groupId>org.springframework.cloud</groupId>
    <artifactId>spring-cloud-starter-netflix-hystrix</artifactId>
</dependency>
```

如果已经添加了 eureka-client 的话，默认已经依赖了 Hystrix，依赖结构如图 8-2 所示。

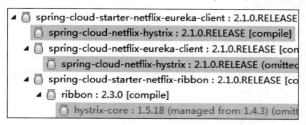

图 8-2

2. 注解

在启动类上，添加 EnableCircuitBreaker 注解来开启对 Hystrix 的支持，如图 8-3 所示。

```
@SpringBootApplication
@EnableFeignClients
@EnableCircuitBreaker
public class SpringcloudFeignClientApplication {
    @Bean
    @LoadBalanced//添加此注解，以便于使用Ribbon
    public RestTemplate restTemplate() {
        return new RestTemplate();
    }
    public static void main(String[] args) {
        SpringApplication.run(SpringcloudFeignClientApplication.class, args);
    }
}
```

图 8-3

3. 添加 Fallback 方法

通过@HystrixCommand 注解添加，如果微服务调用不成功，则会调用的本地方法。在 TestHystrixController 的某个方法上添加该注解，则该方法如果出现异常情况，就会自动跳转到 fallbackMethod 对应的方法中进行处理。以下是完整代码：

示例代码 8-2　　TestHystrixController.java

```java
@RestController
public class TestHystrixController {
    @Autowired
    private RestTemplate restTemplate;
    @Autowired
    private IMovieFeignClient movieFeignClient;
    /**以下测试 restTemplate*/
    @GetMapping("/rest-hystrix-movie/{id}")
    @HystrixCommand(fallbackMethod="movieByIdFallback")
    public Movie movieById(@PathVariable Long id) {
        Movie mm = restTemplate.getForObject("http://eureka-movie/movie/"+id, Movie.class);
        return mm;
    }
    /**定义一个相同的参数和返回类型的方法*/
    public Movie movieByIdFallback(Long id) {
        Movie movie = new Movie();
        movie.setId(-1L);
        movie.setName("未知电影");
        movie.setAuthor("未知导演");
        return movie;
    }
    /**以下测试 Feign*/
    @GetMapping("/feign-hystrix-movie/{id}")
    @HystrixCommand(fallbackMethod="movieByIdFallback")
    public Movie movieByIdFeign(@PathVariable(name="id")Long id) {
        return movieFeignClient.getMovieById(id);
```

```
        }
}
```

4. 访问测试

配置项目的 application.yml，配置端口号为 6800，配置 defaultZone 的值为 http://Jack:1234@server1:8761/eureka/。注意域名 server1 需要在 hosts 文件中进行配置，让 server1 对应 127.0.0.1。具体的 application.yml 核心代码如下：

示例代码 8-3　application.yml

```yaml
server:
  port: 6800
eureka:
  client:
    enabled: true
    service-url:
      defaultZone: http://Jack:1234@server1:8761/eureka/
    healthcheck:
      enabled: true
spring:
  application:
    name: eureka-hystrix-user
  main:
    allow-bean-definition-overriding: true
#测试在Feign下，Ribbon的负载均衡策略是否生效
eureka-movie:
  ribbon:
    NFLoadBalancerRuleClassName: com.netflix.loadbalancer.RandomRule
feign:
  hystrix:
    enabled: true
```

以上代码中配置了基于 Feign 接口来访问 Movie 微服务中的方法，Movie 对应的项目跟第 7 章的 movie 项目一致，此处不再赘述。

启动 springcloud-eureka-user-feign-hystrix 项目，但不开启 Movie 对应的微服务，在浏览器访问该项目的/rest-hystrix-movie/{id}对应的 URL，由于无法访问 Movie 微服务，所以执行时间超时，执行效果如图 8-4 所示。

图 8-4

8.2 Hystrix 的超时时间配置

Hystrix 的超时时间是指，如果访问微服务的方法，超过多长时间不成功，就会访问 Fallback 所指定的方法。这个默认的时间为 1000 毫秒，我们可以修改这个时间，以适应自己业务的需求。

关于 Hystrix 技术，官网描述如图 8-5 所示。

```
To configure the @HystrixCommand you can use the commandProperties attribute with a list of
@HystrixProperty annotations. See here for more details. See the Hystrix wiki for details on the properties
available.
```

图 8-5

由图 8-5 中可以看出，@HystrixCommand 注解可以通过 commandProperties 配置中添加 @HystrixProperty 配置它的属性，其中注解用法示例如图 8-6 所示。

```
@HystrixCommand(commandProperties = {
        @HystrixProperty(name = "execution.isolation.thread.timeoutInMilliseconds", value = "500")
    },
        threadPoolProperties = {
        @HystrixProperty(name = "coreSize", value = "30"),
        @HystrixProperty(name = "maxQueueSize", value = "101"),
        @HystrixProperty(name = "keepAliveTimeMinutes", value = "2"),
        @HystrixProperty(name = "queueSizeRejectionThreshold", value = "15"),
        @HystrixProperty(name = "metrics.rollingStats.numBuckets", value = "12"),
        @HystrixProperty(name = "metrics.rollingStats.timeInMilliseconds", value = "1440")
    })
public User getUserById(String id) {
    return userResource.getUserById(id);
}
```

图 8-6

或是在 Hystrix Wiki 主页上，找到相关 timeout 的配置，就可在 application.yml 中进行统一配置，参考地址为：

`https://github.com/Netflix/Hystrix/wiki/Configuration#execution.isolation.thread.timeoutInMilliseconds`

在 Hystrix 的主页上，除了对 timeout 的配置之外，还有一些其他配置，如图 8-7 所示。

Default Value	1000
Default Property	hystrix.command.default.execution.isolation.thread.timeoutInMilliseconds
Instance Property	hystrix.command.*HystrixCommandKey*.execution.isolation.thread.timeoutInMilliseconds
How to Set Instance Default	HystrixCommandProperties.Setter() 　　.withExecutionTimeoutInMilliseconds(int value)

图 8-7

所以，在 application.yml 中配置 timeout 可以使用：

`hystrix.command.default.execution.isolation.thread.timeoutInMilliseconds: 5000`

我们一般会在方法中配置，对某一个方法的超时间配置代码如下，请注意 commandProperties 的写法。

示例代码 8-4　TestHystrixController.java（文件中的部分代码）

```
@GetMapping("/feign-hystrix-movie/{id}")
@HystrixCommand(fallbackMethod = "movieByIdFallback", commandProperties = {
   @HystrixProperty(name = "execution.isolation.thread.timeoutInMilliseconds",
value = "5000")})
public Movie movieByIdFeign(@PathVariable(name = "id") Long id) {
   return movieFeignClient.getMovieById(id);
}
```

当上面项目在访问 movieByIdFeign 对应的方法出现超时 5 秒以上，则会转到 movieByIdFallback 方法进行处理，从而提高了请求响应时间，有效阻止了其他请求因此产生的阻塞。在 hystrix 中，存在两个类，可供参考，它们是：

- com.netflix.hystrix.config.HystrixCommandConfiguration
- com.netflix.hystrix.HystrixCommandProperties

8.3　Hystrix 隔离策略

@HystrixCommand 在调用方法时会使用自己的线程，但在某些情况下，如果想使用原生的线程，可以添加如图 8-8 所示的配置。

```
@HystrixCommand(fallbackMethod = "stubMyService",
    commandProperties = {
      @HystrixProperty(name="execution.isolation.strategy", value="SEMAPHORE")
    }
)
```

图 8-8

当添加了 execution.isolation.strategy=THREAD（默认值）时，显示的线程为 Hystrix 自己的线程：

示例代码 8-5　TestHystrixController.java（文件中的部分代码）

```
@GetMapping("/rest-hystrix-movie/{id}")
@HystrixCommand(fallbackMethod = "movieByIdFallback", commandProperties=
   {@HystrixProperty(name="execution.isolation.strategy", value="THREAD")})
public Movie movieById(@PathVariable Long id) {
   Thread currentThread = Thread.currentThread();
   System.err.println("1:当前线程的名称为: "+currentThread.getName());
   Movie mm = restTemplate.getForObject("http://eureka-movie/movie/" + id,
Movie.class);
   return mm;
```

}
```
结果为：
```
1:当前线程的名称为：hystrix-TestHystrixController-1
1:当前线程的名称为：hystrix-TestHystrixController-2
1:当前线程的名称为：hystrix-TestHystrixController-3
1:当前线程的名称为：hystrix-TestHystrixController-4
```

添加 SEMAPHORE 后，使用同一个线程：

```
@GetMapping("/rest-hystrix-movie/{id}")
@HystrixCommand(fallbackMethod = "movieByIdFallback", commandProperties=
    {@HystrixProperty(name="execution.isolation.strategy", value="SEMAPHORE")})
public Movie movieById(@PathVariable Long id) {
    Thread currentThread = Thread.currentThread();
    System.err.println("1:当前线程的名称为："+currentThread.getName());
    Movie mm = restTemplate.getForObject("http://eureka-movie/movie/" + id,
Movie.class);
    return mm;
}
```

结果为：

```
1:当前线程的名称为：http-nio-6800-exec-1
1:当前线程的名称为：http-nio-6800-exec-2
1:当前线程的名称为：http-nio-6800-exec-3
1:当前线程的名称为：http-nio-6800-exec-4
```

所以，execution.isolation.strategy 这个属性用来设置 HystrixCommand.run()执行的隔离策略，它有如下两个选项：

- **THREAD**：通过线程池隔离的策略。它在独立的线程上执行，并且它的并发限制受线程池中线程数量的限制。
- **SEMAPHORE**：通过信号量隔离的策略。它在调用线程上执行，并且它的并发限制受信号量计数的限制。

Hystrix 其他隔离策略相关参数说明如下。

（1）execution.isolation.thread.timeoutInMilliseconds

hystrix.command.default.execution.isolation.thread.timeoutInMilliseconds 用来设置 thread 和 semaphore 两种隔离策略的超时时间，默认值为 1000。建议设置这个参数。在 Hystrix 1.4.0 之前，semaphore-isolated 隔离策略是不能超时的，从 1.4.0 开始 semaphore-isolated 也支持超时时间了。

建议通过 CommandKey 设置不同微服务的超时时间。对于 Zuul 而言，CommandKey 就是 service id：hystrix.command.[CommandKey].execution.isolation.thread.timeoutInMilliseconds。这个超时时间要根据 CommandKey 所对应的业务和服务器所能承受的负载来设置，要根据 CommandKey 业务的平均响应时间设置，一般是大于平均响应时间的 20%~100%，最好是根据压力测试结果来评估，这个值设置太大，会因线程不够用而导致太多的任务被 Fallback；设置太小，一些特殊的慢业务失败
```

（2）execution.isolation.semaphore.maxConcurrentRequests

这个值并非 TPS、QPS、RPS 等相对值，而是指 1 秒时间窗口内的事务/查询/请求，semaphore.maxConcurrentRequests 是一个绝对值，无时间窗口，相当于亚毫秒级别，指任意时间点允许的并发数。当请求达到或超过该设置值后，其余请求就会被拒绝。默认值为 100。

（3）execution.timeout.enabled

是否开启超时，默认为 true，则开启。

（4）execution.isolation.thread.interruptOnTimeout

发生超时是是否中断线程，默认为 true。

（5）execution.isolation.thread.interruptOnCancel

取消时是否中断线程，默认为 false。

8.4 Hystrix 健康检查

在生产环境中，需要实时或定期监控服务的可用性。Spring Boot 的 Actuator（健康监控）功能提供了很多监控所需的接口，可以对应用系统进行配置查看、相关功能统计等。Actuator 集成到项目中需要添加以下依赖：

示例代码 8-6　pom.xml（文件中的部分代码）

```xml
<dependency>
    <groupId>org.springframework.boot</groupId>
    <artifactId>spring-boot-starter-actuator</artifactId>
</dependency>
```

在 Spring Cloud Greewich 版本中使用 /actuator/health（之前的版本是直接输入/health）显示 Hystrix 的创建状态。现在直接输入即可：

```
http://server1:6800/actuator/health/
{"status":"UP"}
```

在 Spring Boot 2.x 以后，如果只显示 up 或 down，则表示是否 Hystrix 已经启动。为了获取更加详细的信息，必须在 application.yml 中添加以下配置：

示例代码 8-7　application.yml（文件中的部分代码）

```yaml
management:
  security:
    enabled: false
  endpoint:
```

```
health:
  show-details: ALWAYS
```

现在重新启动微服务，访问/actuator/health，效果如图 8-9 所示。

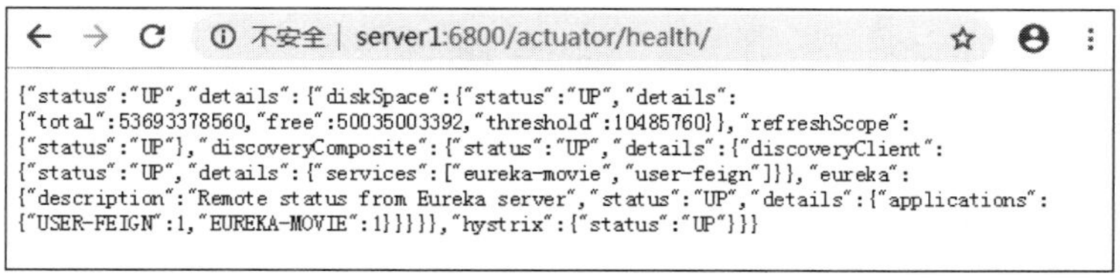

图 8-9

可以在 postman 中查看格式化的 JSON 文本，如图 8-10 所示。

图 8-10

8.5 hystrix.stream

hystrix.stream 可以获取更详细的创建检查指标，更重要的是可以给 hystrix dashboard 提供数据支持。

使用 hystrix.stream 显示每一个 api 的调用数据，其方法说明如下。

（1）添加依赖：

```
org.springframework.cloud，spring-cloud-starter-netflix-hystrix
```

org.springframework.boot，spring-boot-starter-actuator

（2）在 application.yml 配置文件中添加：

management.endpoints.web.exposure.include='*' 注意星号两边都有单引号

使用 management.endpoints.web.exposure.include 暴露所有的端点。一般情况下添加配置内容：

management.endpoints.web.exposure.include: hystrix.stream, info, health

（3）在启动类上添加@EnaleHystrix 注解（可选）。

然后访问：/actuator/hystrix.stram，如果没有访问，则只会显示 ping。具体效果如图 8-11 所示。

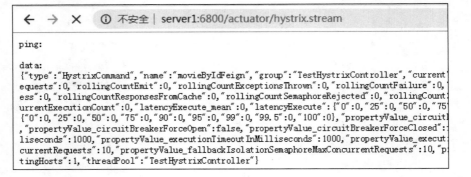

图 8-11

8.6　在 Feign 中使用 Hystrix Fallback

在 Feign 中使用 Hystrix 的 Fallback。Feign 的注解@FeignClient 中同样也存在一个属性：fallback。开发过程如下：

（1）开发一个具体类，实现自定义的 FeignClient 接口，并实现里面的方法。
（2）给具体类添加@Component 注解，即标记为 SpringBean。
（3）在@FeignClient 中通过 fallback=xxx.class 指定 fallback 类。
（4）必须在配置文件中添加 feign.hystrix.enabled=true。此值默认为 false，要特别注意。
（5）在启动类中，添加@EnableCircuitBreaker 注解。

首先看启动类的代码：

示例代码 8-8　SpringcloudFeignClientApplication.java

```java
@SpringBootApplication
@EnableFeignClients
@EnableCircuitBreaker
@EnableEurekaClient
public class SpringcloudFeignClientApplication {
    public static void main(String[] args) {
```

```
        SpringApplication.run(SpringcloudFeignClientApplication.class, args);
    }
}
```

详细开发步骤说明如下。

1. 开发 FeignClient 接口

定义名称为 IMovieFeignClient 的接口，为其添加@FeignClient 注解，代码如下：

示例代码 8-9　IMovieFeignClient.java

```
@FeignClient(value = "eureka-movie")
public interface IMovieFeignClient {
    @GetMapping("/port") // 注意在 Spring Cloud 1.x 版本中不支持 GetMapping，但是到 2.x
版本以后，就支持了
    public String test1();
    /** 测试调用 eureka-movie 的 get 请求，返回 Movie 对象 */
    @GetMapping("/movie/{id}")
    public Movie getMovieById(@PathVariable(name = "id") Long id);
}
```

2. 开发 Fallback 对象实现接口，并添加@Component 注解

接口的实现类 MovieFeignClientFallback 代码如下：

示例代码 8-10　MovieFeignClientFallback.java

```
@Component
public class MovieFeignClientFallback implements IMovieFeignClient{
    public String test1() {
        return "测试返回的数据";
    }
    public Movie getMovieById(Long id) {
        Movie mm = new Movie();
        mm.setId(-1L);
        mm.setName("FallBack 返回的数据");
        mm.setAuthor("Fallback 返回的作者");
        return mm;
    }
}
```

3. 在@FeignClient 注解上添加 fallback

```
@FeignClient(value = "eureka-movie", fallback = MovieFeignClientFallback.class)
public interface IMovieFeignClient { ...}
```

4. 在 application.yml 中启动 feign.hystrix

```
feign.hystrix.enabled=true
```

最后，控制器的代码与之前一样。

现在就可以测试了。

如果断开被调用的微服务，将会调用默认方法。

以下是被调用的微服务停止时调用的 Fallback 方法，效果如图 8-12 所示。

```
← → C  ⓘ 不安全 | server1:6800/feign-test2/2
{"id":-1,"name":"FallBack返回的数据","author":"Fallback返回的作者"}
```

图 8-12

5. 获取 Fallback 的异常

根据官方网站提示，可以通过 FallbackFactory 获取 Fallback 的异常。

官方网站给出的具体做法如图 8-13 所示。

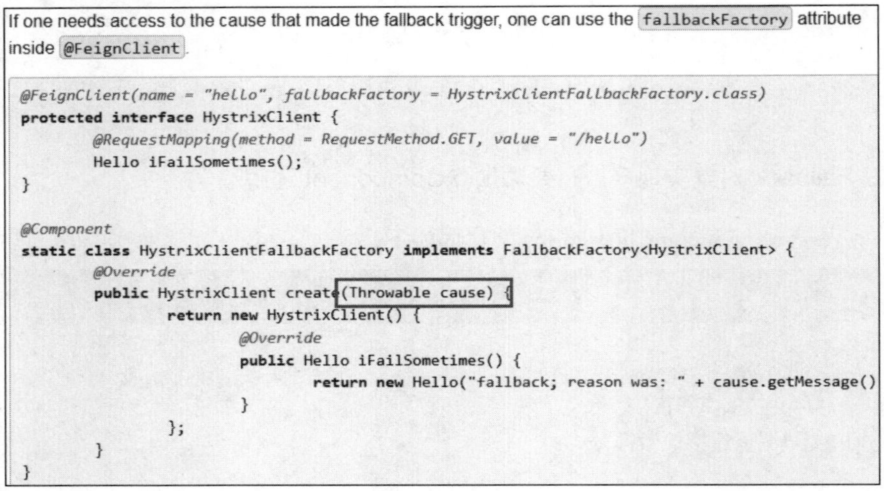

```
If one needs access to the cause that made the fallback trigger, one can use the fallbackFactory attribute inside @FeignClient.

@FeignClient(name = "hello", fallbackFactory = HystrixClientFallbackFactory.class)
protected interface HystrixClient {
    @RequestMapping(method = RequestMethod.GET, value = "/hello")
    Hello iFailSometimes();
}

@Component
static class HystrixClientFallbackFactory implements FallbackFactory<HystrixClient> {
    @Override
    public HystrixClient create(Throwable cause) {
        return new HystrixClient() {
            @Override
            public Hello iFailSometimes() {
                return new Hello("fallback; reason was: " + cause.getMessage()
            }
        };
    }
}
```

图 8-13

由图 8-15 中可以看到，在 create 方法中接收参数 Throwable。所以，在后续的代码中，可以获取这个 Throwable 的异常原因，就是指在 Fallback 中获取异常信息。

FallbackFactory 类的实现如下代码：

示例代码 8-11　MovieFeignClientFallback.java

```java
@Component("movieFeignClientFallback")
public class MovieFeignClientFallback implements
FallbackFactory<IMovieFeignClient> {
    @Override
    public IMovieFeignClient create(Throwable cause) {
        return new IMovieFeignClient() {
            public String test1() {
                return "测试返回的数据,异常信息为: "+cause.getMessage()+", "+cause;
            }
```

```java
        public Movie getMovieById(Long id) {
            Movie mm = new Movie();
            mm.setId(-1L);
            mm.setName("FallBack 返回的数据异常数据："+cause.getMessage()+",
"+cause);
            mm.setAuthor("Fallback 返回的作者");
            return mm;
        }
    }
}
```

给@FeignClient 添加 FallbackFactory 的属性：

```
@FeignClient(value = "eureka-movie", configuration = MyFeignConfig.class, primary
 = true, fallbackFactory = MovieFeignClientFallback.class)
public interface IMovieFeignClient {...具体代码略...}
```

测试异常返回的信息如图 8-14 所示。

图 8-14

> **注　意**
>
> 如果出现了异常信息：com.netflix.client.ClientException: Load balancer does not have available server for client: xxx，有可能是没用配置 feign.hystrix.enabled=true 所导致，只要在配置文件中添加上这个配置就可以了。

8.7　Hystrix 的 Dashboard

Dashboard 可以是一个独立的微服务，也可以与其他微服务在同一个程序中。

Hystrix Dashboard 仪表盘是根据系统一段时间内发生的请求情况来展示信息的可视化面板，这些信息是每个 HystrixCommand 执行过程中产生的信息。这些信息是一个指标集合，表明具体的系统运行情况。

1. 添加 Dashboard 依赖

添加 Dashboard 依赖，为了可以注册到 Eureka 中，同时也添加 eureka-client 依赖：

```xml
<dependency>
    <groupId>org.springframework.cloud</groupId>
    <artifactId>spring-cloud-starter-netflix-hystrix-dashboard</artifactId>
</dependency>
<dependency>
```

```
    <groupId>org.springframework.cloud</groupId>
    <artifactId>spring-cloud-starter-netflix-eureka-client</artifactId>
</dependency>
```

2. 在启动类上添加@EnableHystrixDashboard

启动类加上注解后如图 8-15 所示。

```
@SpringBootApplication
@EnableFeignClients
@EnableCircuitBreaker
@EnableHystrixDashboard
public class SpringcloudFeignClientApplication {
    @Bean
    @LoadBalanced//添加此注解，以便于使用Ribbon
    public RestTemplate restTemplate() {
        return new RestTemplate();
    }
    public static void main(String[] args) {
        SpringApplication.run(SpringcloudFeignClientApplication.class, args);
    }
}
```

图 8-15

3. 查看 Dashboard

现在就可以启动应用，并查看 Dashboard 了。

配置完成以后，输入地址/hystrix，如：http://server1:6800/hystrix，显示结果如图 8-16 所示。

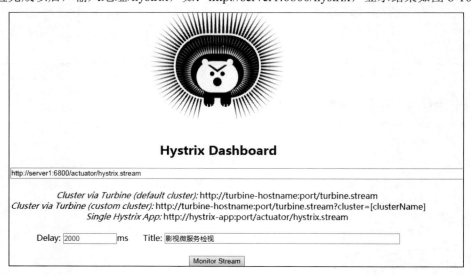

图 8-16

然后输入：http://server1:6800/actuator/hystrix.stream。

Hystrix.stream 地址说明：此地址是配置了 management.endpoints.web.exposure.include='*'的项目，可以是本项目，也可是其他项目。

显示报表如下，注意调用过的方法将会显示到Dashboard中，由于前面设置的是2秒刷新一次，所以会将最近 2 秒内的数据汇报到 Dashboard 上。可以快速请求几个微服务，显示 getMovieById 被成功调用 4 次，如图 8-17 所示。

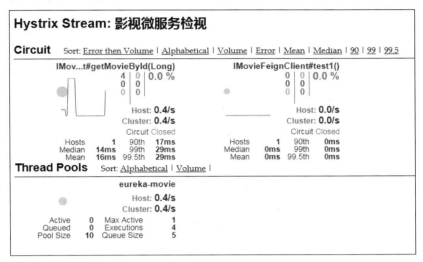

图 8-17

以下调用更多方法，显示了更多方法的调用，如图 8-18、图 8-19 所示。

图 8-18

图 8-19

第 9 章

断路器聚合监控之 Turbine

前面介绍了 Spring Cloud Hystrix 及其 Hystrix Dashboard，但都是对单个项目服务的监控，对于一个项目而言，必定有很多微服务，一个一个通过 Hystrix Dashboard 服务看非常不方便，如果有一个能集中熔断器监控的地方就完美了，Spring Cloud Turbine 就实现了这样的功能。本章介绍如何在 Hystrix Stream 的基础上设置 Turbine 以获得聚合视图。

9.1 Hystrix Turbine 简介

查看单个 Hystrix Dashboard 的数据并没有多大的价值，要想查看这个系统的 Hystrix Dashboard 数据，就需要用到 Hystrix Turbine。Hystrix Turbine 可以将每个服务的 Hystrix Dashboard 数据进行整合。Hystrix Turbine 的使用非常简单，只需要引入相应的依赖、加上注解和配置就可以了。

我们可以为 Turbine 独立创建一个项目，如图 9-1 所示。

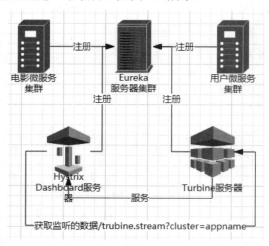

图 9-1

9.2 开发 Turbine 微服务

以下创建一个独立的新项目,项目名称为 springcloud-eureka-turbine,源码参见本章案例源码对应的文件夹。下面讲解开发 Turbine 微服务的步骤。

1. 添加依赖

向 pom.xml 中加入依赖,主要是添加 netflix-turbine 的依赖,但为了注册到 Eureka 服务器上去,也必须依赖 eureka-client。pom.xml 部分代码如下:

示例代码 9-1　pom.xml(文件中部分代码)

```xml
<dependency>
    <groupId>org.springframework.cloud</groupId>
    <artifactId>spring-cloud-netflix-turbine</artifactId>
</dependency>
<dependency>
    <groupId>org.springframework.cloud</groupId>
    <artifactId>spring-cloud-starter-netflix-eureka-client</artifactId>
</dependency>
```

2. 配置 application.yml 文件

以下最重要的配置内容就是 turbine.aggregator.cluster-config 和 turbine.app-config。turbine.aggregator.cluster-config 参数设定 cluster 名字,当使用 default 时,默认聚合 turbine.appConfig 中设定的所有服务名的数据;turbine.app-config 参数设定需要收集监控信息的服务名;两个值相同,都是其他微服务的 spring.application.name 的值。配置代码如下:

示例代码 9-2　application.yml(文件中部分代码)

```yaml
server:
  port: 2001
spring:
  application:
    name: eureka-turbine
eureka:
  client:
    enabled: true
    service-url:
      defaultZone: http://Jack:1234@server1:8761/eureka/
#配置 turbine
#cluster 的值必须大写
http://server1:2001/turbine.stream?cluster=EUREKA-USER-HYSTRIX
#其中:EUREKA-USER-HYSTRIX 是另一个项目的 appname,被收集信息的程序必须拥有
@EnableCircuitBreaker 注解
turbine:
```

```
aggregator:
  cluster-config:
  - EUREKA-USER-HYSTRIX
 app-config: EUREKA-USER-HYSTRIX

logging:
 file: eureka-turbine.log
 level:
root: INFO
```

3. 开发启动类,并添加 Turbine 注解

Turbine 的注解是@EnableTurbine,将其写在启动类上,代码如下:

示例代码 9-3　EurekaTurbineApp.java（文件中部分代码）

```
@SpringBootApplication
@EnableEurekaClient
@EnableTurbine
public class EurekaTurbineApp {
    public static void main(String[] args) {
        SpringApplication.run(EurekaTurbineApp.class, args);
    }
}
```

启动注册中心和 3 个微服务项目,如图 9-2 所示。

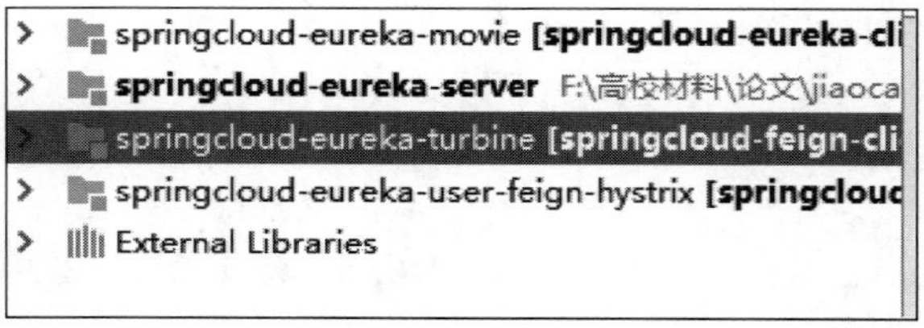

图 9-2

说　明
（1）user-hystrix 项目模拟客户端项目向 server 进行注册,访问 eureka-movie 中的数据。 （2）user-hystrix 支持添加注解@EnableCircuitBreaker 即支持熔断。且可以使用/acturator/hystrix.stream 获取单一节点的数据。 （3）dashboard 微服务只用于显示报表界面。

4. 使用 Dashboard 查看 turbine.stream 的数据

现在启动所有项目,如图 9-3 所示。

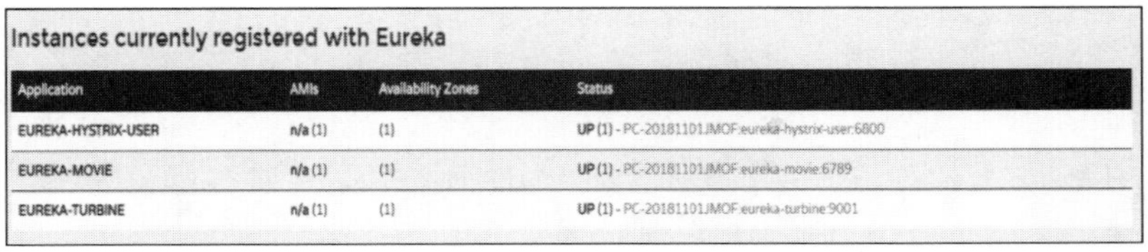

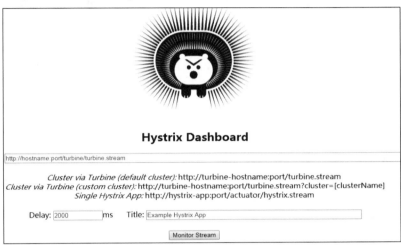

图 9-3

先访问 Dashboard，网址为：http://server1:6800/hystrix，出现的界面如图 9-4 所示。

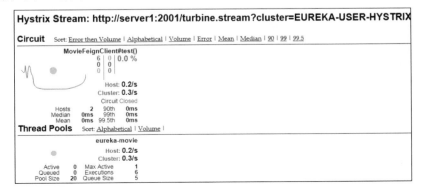

图 9-4

在地址栏中输入：http://server1:9001/turbine.stream?cluster=EUREKA-USER-HYSTRIX

说　明
其中 http://server1:9001/ 是 turbine 微服务的地址。/turbine.stream 是 turbine 固定地址值。Cluster=...是配置到 turbine 项目中可以获取数据的项目名称，其值必须大写。

显示效果如图 9-5 所示。

图 9-5

至此，已经可以使用 Turbine 获取集群中统计数据了。

第 10 章

基于 Zuul 的路由和过滤

路由是微服务架构中必须（integral）的一部分，比如，"/" 可能映射到我们的 Web 程序上；"/api/users" 可能映射到我们的用户服务上；"/api/shop" 可能映射到我们的商品服务上。

Zuul 是 Netflix 出品的一个基于 JVM 路由和服务端的负载均衡器。Zuul 功能很多，包括压力测试、动态路由、负载削减等。

Zuul 的规则引擎允许通过任何 JVM 语言来编写规则和过滤器，支持基于 Java 和 Groovy 的构建。

使用 Zuul 可以对微服务提供的 API 进行路由和保护。本章将阐述 Zuul 在微服务中的路由和过滤方面的相关内容。

10.1 Zuul 反向代理

当一个 UI 应用调用一个或更多的后端服务的时候，我们可以用 Spring Cloud 创建一个 Zuul 代理以减少硬编码开发，这是非常常见的例子。使用代理服务来避免必须的跨域资源共享（Cross-Origin Resource Sharing）和所有的后端需要分别认证的问题。

在 Spring Boot 启动类上通过注解 @EnableZuulProxy 来开启，这样可以让本地的请求转发到适当的服务。按照约定，一个 ID 为 "users" 的服务会收到 /users 请求路径的代理请求（前缀会被剥离）。Zuul 使用 Ribbon 定位服务注册中的实例，并且所有的请求都在 Hystrix 的 command 中执行，所以失败信息将会展现在 Hystrix metrics 中，并且一旦断路器打开，代理请求将不会尝试去链接服务。

Zuul starter 没有包含服务发现的客户端，所以对于路由来说我们需要在 classpath 中提供一个根据 service IDs 做服务发现的服务（例如，Eureka 是一个不错的选择），即添加 eureka-client 的依赖。

在服务 ID 表达式列表中设置 zuul.ignored-services，可以忽略已经添加的服务。如果一个服务匹配表达式，则将会被忽略，但是对于明确配置在路由匹配中的，将不会被忽略，例如：

```
application.yml
zuul:
  ignoredServices: '*'
  routes:
    users: /myusers/**
```

在这个例子中,除了 users 服务,其他所有服务都被忽略了。这个意味着 http 请求 "/myusers" 将被转发到 users 服务,比如,"/myusers/101" 将跳转到 "/101"。

为了更细致地控制一个路由,我们可以直接配置路径和服务 ID:

```
zuul:
  routes:
    users:
      path: /myusers/**
      serviceId: users_service
```

这个意味着 HTTP 调用 "/myusers" 被转发到 users_service 服务。路由必须配置一个可以被指定为 ant 风格表达式的 "path",所以 "/myusers/*" 只能匹配一个层级,但 "/myusers/**" 可以匹配多级。

后端的配置既可以是 serviceId(对于服务发现中的服务而言),也可以是 URL(对于物理地址),例如:

```
zuul:
  routes:
    users:
      path: /myusers/**
      url: http://example.com/users_service
```

这个简单的 url-routes 不会按照 Hystrix Command 执行,也无法通过 Ribbon 负载均衡多个 URL。为了实现这一指定服务路由和配置 Ribbon 客户端(这个必须在 Ribbon 中禁用 Eureka),例如:

```
zuul:
  routes:
    users:
      path: /myusers/**
      serviceId: users
ribbon:
  eureka:
    enabled: false
users:
  ribbon:
    listOfServers: example.com, google.com        //所使用的 Ribbon 列表
```

我们可以使用 regexmapper 提供 serviceId 和 routes 之间的绑定。它使用正则表达式组来从 serviceId 提取变量,然后注入到路由表达式中,参考代码如下:

```
@Bean
public PatternServiceRouteMapper serviceRouteMapper() {
```

```
    return new PatternServiceRouteMapper(
       "(?<name>^.+)-(?<version>v.+$)",
       "${version}/${name}");
}
```

这个意思是说 myusers-v1 将会匹配路由/v1/myusers/**。任何正则表达式都可以，但是所有组必须存在于 servicePattern 和 routePattern 之中。

如果 servicePattern 不匹配服务 ID，则使用默认行为。在上面例子中，一个服务 ID 为"myusers"将被映射到路径"/ myusers/**"（没有版本被检测到），这个功能默认是关闭的，并且仅适用于服务注册的服务。

设置 zuul.prefix 可以为所有的匹配增加前缀，但代理前缀默认会从请求路径中移除（如果不想移除前缀，可以通过设置 zuul.stripPrefix=false 来实现）。

具体配置代码如下：

```
#这里的配置类似 nginx 的反向代理
#当请求/api/**会直接交给 listOfServers 配置的服务器处理
#当 stripPrefix=true 的时候（http://127.0.0.1:8181/api/user/list ->
http://192.168.1.100:8080/user/list）
#当 stripPrefix=false 的时候（http://127.0.0.1:8181/api/user/list ->
http://192.168.1.100:8080/api/user/list）
zuul.routes.api.path=/api/**
zuul.routes.api.stripPrefix=false
api.ribbon.listOfServers=192.168.1.100:8080,192.168.1.101:8080,
192.168.1.102:8080
```

也可以在指定服务中关闭这个功能：

```
zuul:
 routes:
  users:
   path: /myusers/**
   stripPrefix: false
```

在这个例子中，请求"/myusers/101"将被跳转到 users 服务的"/myusers/101"上。

zuul.routes 的键值对实际上绑定到类型为 ZuulProperties 的对象上。如果我们查看这个对象，就会发现一个叫"retryable"的字段，设置为 true 会使 Ribbon 客户端自动在失败时重试（如果我们需要修改重试参数，直接使用 Ribbon 客户端的配置）。

X-Forwarded-Host 请求头默认在跳转时添加。通过设置 zuul.addProxyHeaders=false 关闭它。前缀路径默认剥离，并且对于后端的请求通过请求头 X-Forwarded-Prefix 获取（上面的例子中是"/myusers"）。

通过@EnableZuulProxy 应用程序可以作为一个独立的服务，如果我们想设置一个默认路由（"/"），比如 zuul.route.home: /将路由所有的请求（例如："/**"）匹配到 home 服务。

10.2　Zuul 路由快速示例

1. 创建一个独立的 Spring Cloud 微服务项目

在 IDEA 中创建 Maven 项目，名称为 springcloud-eureka-zuul，Maven 中添加的依赖信息如下：

```xml
<groupId>cn.mrchi.springcloud</groupId>
<artifactId>springcloud-eureka-zuul</artifactId>
<version>1.0</version>
```

在 pom.xml 中添加 Zuul 相关依赖，代码如下：

示例代码 10-1　pom.xml（文件中部分代码）

```xml
<dependency>
    <groupId>org.springframework.cloud</groupId>
    <artifactId>spring-cloud-starter-netflix-eureka-client</artifactId>
</dependency>
<!-- 网关 Zuul -->
<dependency>
    <groupId>org.springframework.cloud</groupId>
    <artifactId>spring-cloud-starter-netflix-zuul</artifactId>
</dependency>
```

2. 添加 application.yml 配置文件

该项目与普通的 eureka-client 配置没有太大的区别，就是作为一个普通的微服务存在。配置文件代码如下：

示例代码 10-2　application.yml（文件中部分代码）

```yaml
server:
  port: 3001
eureka:
  client:
    enabled: true
    service-url:
      defaultZone: http://Jack:1234@server1:8761/eureka/
spring:
  application:
    name: eureka-zuul
logging:
  file: eureka-zuul.log
  level:
root: INFO
```

3. 开发启动类

开发启动类，并添加@EnableZuulProxy 注解。

示例代码 10-3　EurekaZuulApp.java

```java
@SpringBootApplication
@EnableZuulProxy//添加 ZuulProxy 注解，此注解包含@EnableCircuitBreaker 注解
@EnableEurekaClient
public class EurekaZuulApp {
    public static void main(String[] args) {
        SpringApplication.run(EurekaZuulApp.class, args);
    }
}
```

4. 启动项目

分别启动以下项目：

（1）eureka-server 微服务注册发现中心项目。

（2）eureka-movie 项目集群（该服务开启两个服务实例，端口分别为 8001、8002）。

（3）启动 eureka-zuul 网关反向代理项目。

启动的项目列表，如图 10-1 所示。

图 10-1

5. 通过路由访问其他微服务项目

由于 eureka-movie 在 8001、8002 端口各有一个服务，我们可以直接通过这两个端口访问这两个服务，如图 10-2 所示。

图 10-2

Zuul 项目启动后，会自动代理所有在 eureka-server 中注册的服务。所以现在我们可以通过 3001 端口访问 movie 电影微服务。只要输入电影微服务的 ID 即可，但如果配置文件中路由路径已经配置，则必须按照路由 path 的具体形式来写，如图 10-3 所示。

http://server1:3001/eureka-movie/movie/1

图 10-3

我们已经看到了，只是在代理项目即端口后面输入电影微服务的 ID，后面再添加正常的 URL，即可实现访问电影微服务的资源。

6. 配置路由直接使用 serviceid: /pattern/**（建议）

默认情况下，可以直接在路由的后面通过添加 serviceid/url 的形式访问其他微服务的资源。但 serviceid 也可以映射成其他的 URL 规则，这是通过 Zuul 的配置实现的。

现在我们将 eureka-movie 配置成 movie，application.yml 文件代码如下：

示例代码 10-4　application.yml
```
zuul:
 ignored-services:
 - '*' #配置忽略的service，但不包含以下通过routes配置的规则
 routes:
   eureka-movie: /movie/**
```

现在就只能通过以下 URL 来访问电影微服务的资源了，如图 10-4 所示。

图 10-4

上面的 URL：http://server1:3001/movie/movie/1 中，第一个 movie 是配置到 Zuul 中的映射名称，第二个 movie 是电影微服务中的 URL。至此，我们已经学会如何快速使用 Zuul 了。

10.3　使用 serviceId 配置路由

也可以使用 serviceId+path 的方式来指定路由的规则。以下是配置示例：

```
#以下是使用serviceID+path的方式
zuul:
 ignored-services:
 - '*'
 routes:
   eureka-movie: #此名称可以为任意
      path: /movie/**
      serviceId: eureka-movie
```

现在就可以使用/movie/**来访问 eureka-movie 里面的应用了。

对于这个 URL：http://server1:3001/movie/movie/1，和之前一样，第一个 movie 是配置的 path 值。第二个 movie 是 eureka-movie 微服务中的 movie。

以下是 eureka-movie 中的 mapping 映射：

```
@RequestMapping("/movie/{id}")
    public Movie movieById(@PathVariable(name="id")Long id,HttpSession session) {
        Movie movie = new Movie();
        movie.setId(new Random().nextLong());
        movie.setName("端口"+port);
        movie.setAuthor("姜文");
        return movie;
}
```

10.4 使用 URL 方式配置路由

可以指定 URL 的方式来配置路由，截取部分代码如图 10-5 所示。

```
zuul:
  routes:
    users:
      path: /myusers/**
      url: http://example.com/users_service
```

图 10-5

但是对于这样配置，不会使用@HystrixCommand 去执行这个应用，也没有 Load Balance 的能力。不过，我们还是可以在配置文件中添加一个 serviceid，然后在配置文件中配置 Ribbon 的服务器列表，如图 10-6 所示。

```
zuul:
  routes:
    echo:
      path: /myusers/**
      serviceId: myusers-service
      stripPrefix: true

hystrix:
  command:
    myusers-service:
      execution:
        isolation:
          thread:
            timeoutInMilliseconds: ...

myusers-service:
  ribbon:
    NIWSServerListClassName: com.netflix.loadbalancer.ConfigurationBasedServerList
    listOfServers: http://example1.com,http://example2.com
    ConnectTimeout: 1000
    ReadTimeout: 3000
    MaxTotalHttpConnections: 500
    MaxConnectionsPerHost: 100
```

图 10-6

以下是一个推荐的配置方法，由于 movie 微服务开启了两个实例，端口号是 8001、8002，所以为了保持负载均衡的特性，可以采用以下方式，代码如下：

示例代码 10-5　application.yml_bak1

```yaml
#先定义规则，其中 serviceId 的值 movie-services 不是任何微服务应用的 ID
zuul:
  routes:
    movies:
      path: /movies/**
      serviceId: movies-id
#现在定义上例中的 movies-id 中的 server 列表
movies-id:
  ribbon:
    listOfServers: http://server1:8001, http://server1:8002
#禁用 Ribbon，即不用从 eureka-server 服务器上查找服务 ID 与主机的对应关系，而是从本配置文件中查找
ribbon:
  eureka:
    enabled: false
```

在浏览器地址栏输入 http://server1:3001/movies/movie/1，测试成功，如图 10-7 所示。

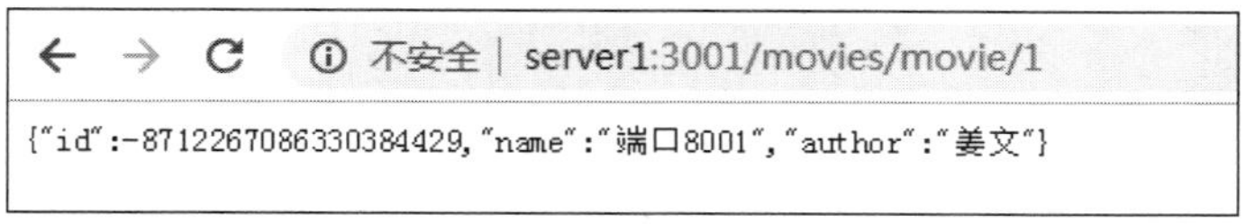

图 10-7

10.5　使用正则表达式方式配置路由

根据官方网站的示例，可以通过 PatternServiceRouteMapper 来配置映射关系，如图 10-8 所示。

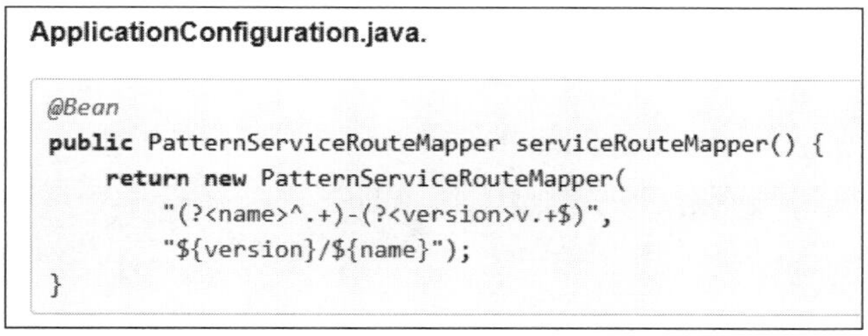

```java
ApplicationConfiguration.java

@Bean
public PatternServiceRouteMapper serviceRouteMapper() {
    return new PatternServiceRouteMapper(
        "(?<name>^.+)-(?<version>v.+$)",
        "${version}/${name}");
}
```

图 10-8

Zuul 使用正则表达式，第一个参数为 serviceid，第二个参数为请求的 URL。以下是根据 PatternServiceRouterMapper 类中的源代码给出的 Java Regex 正则表达式的测试示例：

```
/**
```

```
 * 正则表达式中的 ?<...>表示一个匹配表达式，可以在续的代码中使用 Matcher.replaceFirst 一次
替换所有匹配的规则
 */
@Test
public void test2() {
    Pattern pattern = Pattern.compile("eureka-(?<path>.+)- (?<version>v\\d+$)");
    String serviceId = "eureka-movies-v10";
    Matcher matcher = pattern.matcher(serviceId);
    if (matcher.matches()) {
        String str = matcher.replaceFirst("/${path}/${version}");// 输出:/movies/v10
        System.err.println(str);
    }else {
        System.err.println("不匹配");
    }
}
```

1. 在 application.yml 中删除 Zuul 的路由配置

要想使用正则表达式匹配，则需要将 application.yml 中涉及 Zuul 的配置全部注释掉即可，如图 10-9 所示。

```
#zuul:
#  ignored-services:
#  - '*' #配置忽略的service，但不包含以下通过routes配置的规则
#  routes:
#    eureka-movie: /movie/**

#以下是使用serviceID+path的方式
#zuul:
#  ignored-services:
#  - '*'
#  routes:
#    eureka-movie: #此名称可以任意
#      path: /movie/**
#      serviceId: eureka-movie
```

图 10-9

2. 在启动类中添加正则表达式的路由配置

下面示例利用正则表达式将 eureka-movie 转成 movie：

示例代码 10-6　EurekaZuulApp.java（正则路由匹配部分项目中已注释）

```
@SpringBootApplication
@EnableZuulProxy//添加 ZuulProxy 注解，此注解包含@EnableCircuitBreaker 注解
@EnableEurekaClient
public class EurekaZuulApp {
    @Bean
    public PatternServiceRouteMapper serviceRouteMapper() {
        PatternServiceRouteMapper psrm =
```

```
            new PatternServiceRouteMapper("eureka-(?<path>.+$)", "${path}");
    Return psrm;
}
```

启动项目（红色框选出的项目），movie 项目还是在 8001、8002 端口分别启动一个实例，如图 10-10 所示。

图 10-10

访问 http://server1:3001/movie/movie/1 进行测试，显示效果如图 10-11 所示。

图 10-11

10.6 路由配置路径前缀

路由路径其实是一个逻辑路径，可以人为定义的。为了增强其灵活性，可以通过 zuul.prefix 和 zuul.stripPrefix 属性来进行设置。本节对这两个配置属性做一个介绍，并在项目中尝试使用一下。设置 zuul.prefix 可以为所有的匹配增加前缀，例如 /api，代理前缀默认会从请求路径中移除（通过 zuul.stripPrefix=false 可以关闭这个功能），zuul.stripPrefix 默认为 true。

zuul.stripPrefix 与 zuul.prefix 共同使用表示全局的设置。

前缀表示在请求的 URL 上添加一个地址，如果像下面这样配置：

```
zuul:
 prefix: /abc   #配置前缀
```

则在所有的请求前面都要添加/abc，如 http://server1:3001/abc/movie/movie/1：

```
stripPrefix:boolean
```

stripPrefix 则是去掉被调用接口的第一个 URL 部分，如图 10-12 所示。

```
zuul:
  prefix: /aaa
  ignored-services:
    - '*' #配置忽略的service，但不包含以下通过routes配置的规则
  routes:
    movies:
      path: /mvs/**
      serviceId: eureka-movie
      strip-prefix: true #默认值为true,即删除 /mvs/**这个前缀
```

图 10-12

现在我们将日志的级别设置为 DEBUG，查看后台的 URL 映射关系，如图 10-13 所示。

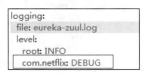

图 10-13

现在请求以下地址：

`http://server1:3001/aaa/mvs/movie/1`

将会映射成：

`http://server1:8001/movie/1`

即将 mvs 这个前缀删除。查看后台，可以获取以下日志：

`c.n.loadbalancer.LoadBalancerContext: eureka-movie using LB returned Server: 192.168.56.1:8001 for request /movie/1`

如果将 stripPrefix 设置为 false，设置如图 10-14 所示。

```
zuul:
  prefix: /aaa
  ignored-services:
    - '*' #配置忽略的service，但不包含以下通过routes配置的规则
  routes:
    movies:
      path: /mvs/**
      serviceId: eureka-movie
      strip-prefix: false #默认值为true,即删除 /mvs/**这个前缀
```

图 10-14

将 strip-prefix 设置为 false 后，再请求地址 http://server1:3001/aaa/mvs/movie/1。

则后台输出的日志为：eureka-movie using LB returned Server: 192.168.56.1:8002 for request /mvs/movie/1。可见，mvs 并没有删除，由于目标地址不是/mvs/movie/1，所以请求失败。

10.7　Zuul 其他属性设置

1. httpclient

新版本的 Zuul 使用 httpclient 作为网络请求框架。如果要使用 okhttp3，可以设置以下属性：

```
ribbon.okhttp.enabled=true
```

如果想使用 Ribbon 的 RestClient，可以设置：

```
ribbon.restclient.enabled=true
```

2. cookie 和其他敏感信息

我们可以共享 header 在同一个服务的所有服务实例中。但可能有些敏感信息不希望传递到微服务中。此时可以通过定义 sensitiveHeaders 来实现，代码如下：

```
zuul:
  routes:
    users:
      path: /myusers/**
      sensitiveHeaders:
      url: https://downstream
```

10.8　查看所有的映射

当@EnableZuulProxy 与 Spring Boot Actuator 配合使用时，Zuul 会暴露一个路由管理端点/routes。借助这个端点，可以方便直观地查看和管理 Zuul 路由。/routes 端点的使用非常简单，使用 GET 方法访问该端点，即可返回 Zuul 当前映射的路由列表。使用 POST 方法访问该端点，就会强制刷新 Zuul 当前映射的路由列表，路由会自动刷新，而且 Spring Cloud 提供了立即强制刷新的方式。

在 Spring Cloud 的 Greewich 版本中，/routes 已经发生变化，它需要添加依赖 actuator，然后在配置文件中配置 management.endpoints.web.exposure.include='*'，然后访问/actuator/routes。

在原有 Zuul 的基础上添加依赖：

示例代码 10-7　pom.xml（文件中部分代码）

```xml
<dependency>
    <groupId>org.springframework.cloud</groupId>
    <artifactId>spring-cloud-starter-netflix-zuul</artifactId>
</dependency>
<dependency>
    <groupId>org.springframework.boot</groupId>
    <artifactId>spring-boot-starter-actuator</artifactId>
</dependency>
```

配置显示所有功能，在 application.yml 中配置：

```yaml
management:
  endpoints:
    web:
      exposure:
        include:
          - '*'
```

然后访问 http://server1:3001/actuator/routes，显示所有路由映射，显示结果如图 10-15 所示。

图 10-15

也可以通过/routes/details 访问，显示每个映射的详细信息，如图 10-16 所示。

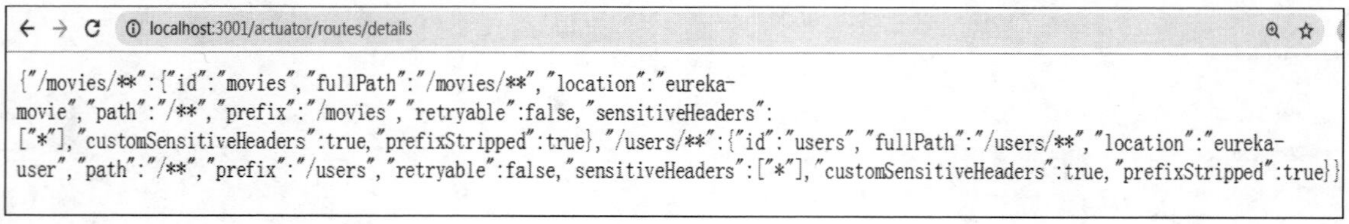

图 10-16

10.9　Zuul 文件上传

可以直接使用 Zuul 代理上传小文件。如果要上传大文件，可以在 URL 前添加/zuul/，它将绕过 DispatcherServlet。如果要上传大文件，还需要配置上传超时时间，代码如下：

示例代码 10-8　application.yml（文件中部分代码）

```yaml
hystrix.command.default.execution.isolation.thread.timeoutInMilliseconds: 60000
ribbon:
  ConnectTimeout: 3000
  ReadTimeout: 60000
```

1. 首先开发支持上传的 Spring Boot 应用

现在修改 movie 项目，添加上传文件的功能，如图 10-17 所示。

第 10 章 基于 Zuul 的路由和过滤 | 141

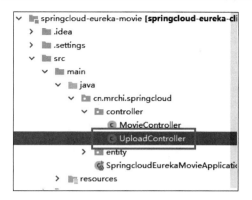

图 10-17

为了开发 html 页面，需要添加以下依赖，如图 10-18 所示。

```xml
<dependencies>
  <dependency>
    <groupId>org.springframework.cloud</groupId>
    <artifactId>spring-cloud-starter-netflix-eureka-client</artifactId>
  </dependency>
  <dependency>
    <groupId>org.springframework.boot</groupId>
    <artifactId>spring-boot-starter-web</artifactId>
  </dependency>
  <dependency>
    <groupId>org.springframework.boot</groupId>
    <artifactId>spring-boot-starter-thymeleaf</artifactId>
  </dependency>
  <dependency>
    <groupId>org.springframework.boot</groupId>
    <artifactId>spring-boot-starter-test</artifactId>
    <scope>test</scope>
  </dependency>
</dependencies>
```

图 10-18

然后开发 Controller，实现文件上传，Controller 代码如下：

示例代码 10-9　UploadController.java（文件中部分代码）

```java
/**
 * 上传文件
 * @author Administrator
 */
@Controller
public class UploadController {
    //实现上传功能
    @PostMapping("/upload")
    @ResponseBody
    public String upload(@RequestParam(value="file")MultipartFile file,
HttpServletRequest req)
            throws Exception{
```

```java
        File path = new File("uploads");
        if(!path.exists()) {
            path.mkdirs();
        }
        InputStream in = file.getInputStream();
        String fileName = file.getOriginalFilename();
        fileName=fileName.substring(fileName.lastIndexOf("\\")+1);
        System.err.println("文件名为:"+fileName);
        Files.copy(in, new File(path, "/"+fileName).toPath(), StandardCopyOption.REPLACE_EXISTING);
        return path.getAbsolutePath()+"/"+fileName;
    }
    //转到上传页面
    @GetMapping("/toupload")
    public String toUpload() {
        System.err.println("to upload....");
        return "upload";
    }
}
```

然后还需要在 application.yml 中添加对文件上传的支持，如图 10-19 所示。

图 10-19

接下来开发一个 html 页面，实现上传，如图 10-20 所示。

图 10-20

页面部分代码如下：

示例代码 10-10　upload.html（文件中部分代码）

```html
<p>上传文件</p>
<form action="upload" method="post" enctype="multipart/form-data">
    文件：<input type="file" name="file"><br>
    <input type="submit" value="上传">
</form>
<hr>
<p>以下使用 zuul 实现上传</p>
<form action="/movies/upload" method="post" enctype="multipart/form-data">
    文件：<input type="file" name="file"><br>
    <input type="submit" value="上传">
</form>
<p>使用/zuul/**上传大文件</p>
<form action=" movies/upload" method="post" enctype="multipart/form-data">
    文件：<input type="file" name="file"><br>
    <input type="submit" value="上传">
</form>
```

测试，并成功上传。

2. 修改 movie 项目中的 html 代码，使之通过 Zuul 代理地址上传

当然，如果不去修改 action 地址也是可以的，需要通过 http://proxy:port/toupload，即代理的地址去访问上传的页面。具体页面代码如图 10-21 所示。

```
<p>以下使用zuul实现上传</p>
<form action="http://server1:3001/movie/upload" method="post" enctype="multipart/form-data">
    文件：<input type="file" name="file"><br>
    <input type="submit" value="上传">
</form>
<p>使用/zuul/**上传大文件</p>
<form action="http://server1:3001/zuul/movie/upload" method="post" enctype="multipart/form-data">
    文件：<input type="file" name="file"><br>
    <input type="submit" value="上传">
</form>
```

图 10-21

上述的代理地址，其中没有添加/zuul/**的可以上传较小的文件，添加了/zuul/**的可以上传较大的文件。由于较大文件上传比较耗时，因此，应该在 Zuul 项目中添加以下连接超时时间的配置，代码如下：

```
hystrix.command.default.execution.isolation.thread.timeoutInMilliseconds: 60000
ribbon:
  ConnectTimeout: 3000
  ReadTimeout: 60000
```

3. 访问上传

现在直接使用 Zuul 代理访问上传页面，测试一下，上传都能成功，如图 10-22 所示。

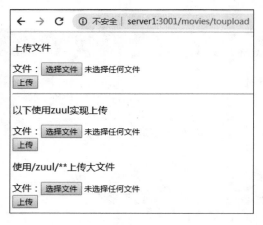

图 10-22

10.10　Zuul 回退功能

Zuul 的主要功能就是转发，在转发过程中我们无法保证被转发的服务是可用的，这时就需要容错机制及回退机制。在 Spring Cloud 中，Zuul 默认整合了 Hystrix，当后端服务异常时，可以为 Zuul 添加回退功能，返回默认的数据给客户端。实现回退机制需要实现 FallbackProvider 接口，具体实现代码如下：

示例代码 10-11　MyFallbackProvider.java

```java
public class MyFallbackProvider implements FallbackProvider {
    @Override
    public String getRoute() {
        return "*";//*或 null 表示所有配置的微服务，如果只需要管理一个微服务，那么只需输入某一个微服务的名称
    }
    @Override
    public ClientHttpResponse fallbackResponse(String route, Throwable throwable) {
        return new ClientHttpResponse() {
            @Override
            public HttpStatus getStatusCode() throws IOException {
```

```
            return HttpStatus.BAD_REQUEST;
        }
        @Override
        public int getRawStatusCode() throws IOException {
            return 400;
        }
        @Override
        public String getStatusText() throws IOException {
            return HttpStatus.BAD_GATEWAY.name();
        }
        @Override
        public void close() {}
        @Override
        public InputStream getBody() throws IOException {
            return new ByteArrayInputStream("fallback".getBytes());
        }
        @Override
        public HttpHeaders getHeaders() {
            HttpHeaders headers = new HttpHeaders();
            headers.setContentType(MediaType.APPLICATION_JSON);
            return headers;
        }
    };
}
```

getRoute 方法中返回*表示对所有服务进行回退操作。如果只想对某个服务进行回退，那么就返回需要回退的服务名称，这个名称一定是注册到 Eureka 中的名称。通过 ClientHttpResponse 构造回退的内容。通过 getStatusCode 返回响应的状态码。通过 getStatusText 返回响应状态码对应的文本。通过 getBody 返回回退的内容。通过 getHeaders 返回响应的请求头信息。

现在通过 http://server1:3001/movies/movie/2 地址访问 movie 的应用。在 movie 应用没有启动的情况下，将返回 FallBack 的 getBody 方法的字符。

正常访问成功，如图 10-23 所示。

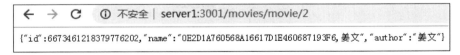

图 10-23

访问不成功，如图 10-24 所示。

图 10-24

10.11　Zuul 过滤器

Zuul 大部分功能都是通过过滤器来实现的。Zuul 中定义了 4 种标准过滤器类型，这些过滤器类型对应于请求的典型生命周期。

（1）PRE：这种过滤器在请求被路由之前调用。我们可利用这种过滤器实现身份验证、在集群中选择请求的微服务、记录调试信息等。

（2）ROUTING：这种过滤器将请求路由到微服务。这种过滤器用于构建发送给微服务的请求，并使用 Apache HttpClient 或 Netfilx Ribbon 请求微服务。

（3）POST：这种过滤器在路由到微服务以后执行。这种过滤器可用来为响应添加标准的 HTTP Header、收集统计信息和指标，将响应从微服务发送给客户端等。

（4）ERROR：在其他阶段发生错误时执行该过滤器。

除了默认的过滤器类型，Zuul 还允许我们创建自定义的过滤器类型。例如，我们可以定制一种 STATIC 类型的过滤器，直接在 Zuul 中生成响应，而不将请求转发到后端的微服务。

各种类型的过滤器的执行顺序如图 10-25 所示。

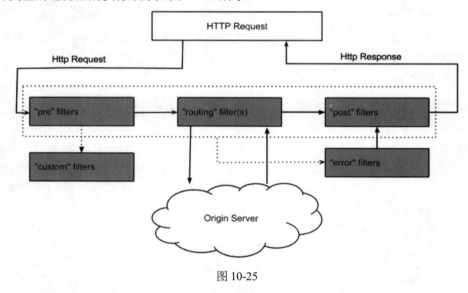

图 10-25

现在我们快速开发一个最简单的 ZuulFilter。ZuulFilter 的开发包含两部分：

- 继承 ZuulFilter 类。
- 通过@Bean 声明 ZuulFilter。

1. 开发 ZuulFilter

以下开发的 ZuulFilter 目的是读取参数及其他信息，代码如下：

示例代码 10-12　ReaderParamPreZuulFilter.java

```java
 * 示例 ZuulFilter
 * @author Administrator
 */
public class ReaderParamPreZuulFilter extends ZuulFilter {
    private Logger logger =
LoggerFactory.getLogger(ReaderParamPreZuulFilter.class);
    /** * 返回true则过滤，否则不过滤 */
    @Override
    public boolean shouldFilter() {
        return true;
    }

    /** * 需要处理业务的方法 run */
    @Override
    public Object run() throws ZuulException {
        //以下获取所有参数并输出
        RequestContext ctx = RequestContext.getCurrentContext();
        HttpServletRequest req = ctx.getRequest();
        Map<String, String[]> map = req.getParameterMap();
        logger.info("---------所有参数-------------");
        for(Entry<String, String[]> en : map.entrySet()) {
            logger.info(en.getKey()+"="+en.getValue()[0]);
        }
        logger.info("-------其他信息--------------");
        logger.info("remote host:"+req.getRemoteHost()+"."+req.getRemoteAddr());
        logger.info("requestUri: "+req.getRequestURI());
        logger.info("url: "+req.getRequestURL());
        return null;
    }
    /** * 返回的值可以是：pre、routing、post、error<br>
     * pre 为前过滤器 */
    @Override
    public String filterType() {
        return "pre";
    }
    /**顺序，值越小，越先执行*/
    @Override
    public int filterOrder() {
        return 0;
    }
}
```

2. 在启动类中声明

启动类中声明部分的代码截图如图 10-26 所示。

```java
@SpringBootApplication
@EnableZuulProxy // 添加ZuulProxy注解，此注解包含@EnableCircuitBreaker注解
@EnableEurekaClient
public class EurekaZuulApp {
    public static void main(String[] args) {
        SpringApplication.run(EurekaZuulApp.class, args);
    }
    /** 声明ZuulFilter */
    @Bean
    public ReaderParamPreZuulFilter readerParamPreZuulFilter() {
        return new ReaderParamPreZuulFilter();
    }
}
```

图 10-26

现在启动，并访问任意的地址，输出信息如图 10-27 所示。

```
c.w.s.z.filter.ReaderParamPreZuulFilter : ---------所有参数-------------
c.w.s.z.filter.ReaderParamPreZuulFilter : name=Jack
c.w.s.z.filter.ReaderParamPreZuulFilter : id=10
c.w.s.z.filter.ReaderParamPreZuulFilter : age=90
c.w.s.z.filter.ReaderParamPreZuulFilter : -------其他信息-------------
c.w.s.z.filter.ReaderParamPreZuulFilter : remote host:0:0:0:0:0:0:0:1.0:0:0:0:0:0:0:1
c.w.s.z.filter.ReaderParamPreZuulFilter : requestUri : /movies/movie/1
c.w.s.z.filter.ReaderParamPreZuulFilter : url : http://localhost:3001/movies/movie/1
```

图 10-27

第 11 章

微服务网关 Spring Cloud Gateway

Spring Cloud Gateway 建立在 Spring Framework 5、Project Reactor 和 Spring Boot 2 之上，是使用非阻塞 API。而 Zuul 基于 Servlet 2.5，是使用阻塞 API，但它不支持任何长连接，如 websockets。Spring Cloud Netflix Zuul 是由 Netflix 开源的 API 网关，在微服务架构下，网关作为对外的门户，实现动态路由、监控、授权、安全、调度等功能。

Spring Cloud Gateway 比较完美地支持异步非阻塞编程。先前的 Spring 软件大多是同步阻塞的编程模式，使用 thread-per-request 处理模型，即使在 Spring MVC Controller 方法上加@Async 注解或者返回 DeferredResult、Callable 类型的结果，仍然是把方法的同步调用封装成执行任务放到线程池的任务队列中，其实还是 thread-per-request 模型。Gateway 中 Websockets 得到支持，并且由于它与 Spring 紧密集成，所以将会是一个更好的开发体验。其相关概念如下：

- Route（路由）：这是网关的基本构建块。它由一个 ID，一个目标 URI，一组断言和一组过滤器定义。如果断言为真，则路由匹配。
- Predicate（断言）：这是一个 Java 8 的 Predicate。输入类型是一个 ServerWebExchange。我们可以使用它匹配来自 HTTP 请求的任何内容，例如 headers 或参数。
- Filter（过滤器）：这是 org.springframework.cloud.gateway.filter.GatewayFilter 的实例，我们可以使用它修改请求和响应。

工作流程如图 11-1 所示。

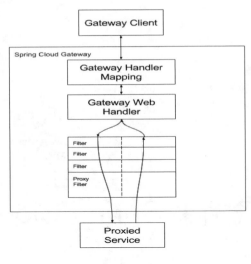

图 11-1

客户端向 Spring Cloud Gateway 发出请求。如果 Gateway Handler Mapping 中找到与请求相匹配的路由，将其发送到 Gateway Web Handler。Handler 再通过指定的过滤器链，将请求发送到我们实际的服务执行业务逻辑，然后返回结果。

过滤器之间用虚线分开，是因为过滤器可能会在发送代理请求之前（pre）或之后（post）执行业务逻辑。

Spring Cloud Gateway 的特征如下：

- 基于 Spring Framework 5、Project Reactor 和 Spring Boot 2.0。
- 动态路由。
- Predicates 和 Filters 作用于特定路由。
- 集成 Hystrix 断路器。
- 集成 Spring Cloud DiscoveryClient。
- 易于编写的 Predicates 和 Filters。
- 限流。
- 路径重写。

11.1　Gateway 路由配置方式实现

第 10 章中我们已经学习了基于 Zuul 的路由部分内容，本节我们将学习基于 Gateway 路由实现，完成之前 Zuul 路由的功能。本案例文件夹下有三个项目：springcloud-eureka-gateway、注册中心 springcloud-eureka-server、服务提供者 springcloud-eureka-movie 项目。后两个项目前面章节都已经实现，这里直接使用即可；springcloud-eureka-gateway 项目是重点，先来看一下基于配置的实现方式，以下为具体步骤。

1. 添加依赖

创建一个新的 Maven 项目，添加微服务需要的依赖包，不需要再引入 Zuul 依赖，而是添加 gateway 依赖：

```xml
<dependency>
    <groupId>org.springframework.cloud</groupId>
    <artifactId>spring-cloud-starter-gateway</artifactId>
</dependency>
```

完整的 pom.xml 文件依赖如下，至少包含 eureka-client、netflix-ribbin、gateway 三项：

示例代码 11-1　pom.xml

```xml
<dependencies>
    <dependency>
        <groupId>org.springframework.cloud</groupId>
        <artifactId>spring-cloud-starter-netflix-eureka-client</artifactId>
    </dependency>
    <dependency>
        <groupId>org.springframework.cloud</groupId>
        <artifactId>spring-cloud-starter-netflix-ribbon</artifactId>
    </dependency>
    <!-- gateway网关 -->
    <dependency>
        <groupId>org.springframework.cloud</groupId>
        <artifactId>spring-cloud-starter-gateway</artifactId>
    </dependency>
    <dependency>
        <groupId>org.springframework.boot</groupId>
        <artifactId>spring-boot-starter-webflux</artifactId>
    </dependency>
    <dependency>
        <groupId>org.springframework.boot</groupId>
        <artifactId>spring-boot-starter-actuator</artifactId>
    </dependency>
    <dependency>
        <groupId>org.springframework.boot</groupId>
        <artifactId>spring-boot-starter-test</artifactId>
        <scope>test</scope>
    </dependency>
</dependencies>
```

2. 配置 application.yml

路由的实现主要通过添加 spring.cloud.gateway 的配置选项。需要说明的是：

URI 如果配置成具体地址，如 http://server:8001，则为请求一个具体地址；如果 URI 配置为 lb://serviceid，则为实现负载均衡。

示例代码 11-2　application.yml

```yaml
server:
  port: 3002
#配置本项目的 ID
spring:
  application:
    name: eureka-gateway
  #配置 gateway
  cloud:
    gateway:
      enabled: true
      routes:
      - id: eureka-movie
        # 如果输入一个固定的地址则为代理一个地址
        # 如果输入 lb://spring.application.name 则为通过 loadbalance 实现负载均衡
        uri: #http://server1:8001
          lb://eureka-movie
        predicates:
        - Path=/aa/**
        filters:
        # 在转发后用于删除/aa/这个前缀
        # 如：http://localhost:3002/aa/movie/1 转发以后为：http://localhost:8002/movie/1
        - StripPrefix=1
#配置注册到服务器
eureka:
  client:
    enabled: true
    service-url:
      defaultZone: http://Jack:1234@server1:8761/eureka
```

spring.cloud.gateway.routes 的配置说明：

- id：任意名称，唯一。
- uri：可以是一个 HTTP 地址，也可以是 lb://serviceid（将实现负载均衡）。
- predicates：映射的地址使用 Path=…。
- filters：过滤器。

这里用于路由路径匹配的属性是 Predicate，Predicate 来自 Java 8 的接口。Predicate 接受一个输入参数，返回一个布尔值结果。该接口包含多种默认方法以将 Predicate 组合成其他复杂的逻辑（比如：与、或、非），可以用于接口请求参数校验、判断新老数据是否有变化（需要进行更新操作）。

有很多类型的 Predicate，比如说时间类型的 Predicated（AfterRoutePredicateFactory、BeforeRoutePredicateFactory、BetweenRoutePredicateFactory），当只有满足特定时间要求的请求才会进入到此 Predicate 中，并交由 router 处理。cookie 类型的 Predicated，在 CookieRoutePredicateFactory 指定的 cookie 满足正则匹配，才会进入此 router。其他还有 host、method、path、querparam、remoteaddr

类型的 Predicate。每一种 Predicate 都会对当前的客户端请求进行判断，是否满足当前的要求，如果满足则交给当前请求处理。如果有很多个 Predicate，并且一个请求满足多个 Predicate，则按照配置的顺序第一个生效。

比较常用的 Predicate 是 PathRoutePredicateFactory，它使用的是 path 列表作为参数，使用 Spring 的 PathMatcher 匹配 path，可以设置可选变量。

启动三个项目，其中 springcloud-eureka-movie 项目启动两个实例，分别基于 8001、8002 端口，这样方便测试负载均衡。gateway 同样也注册到 Eureka 服务器。现在注册到 Eureka 服务器的服务如图 11-2 所示。

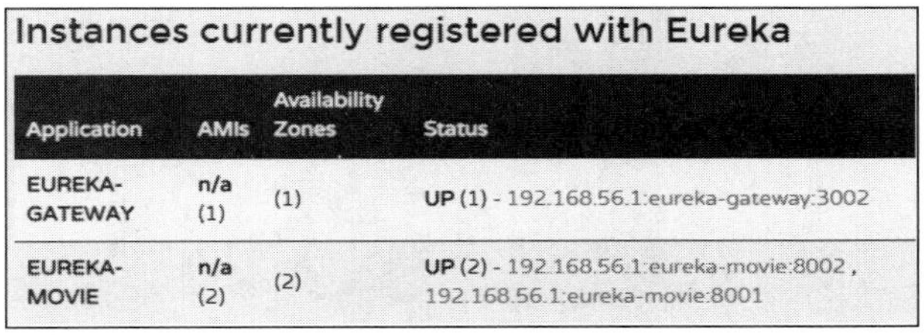
Instances currently registered with Eureka

Application	AMIs	Availability Zones	Status
EUREKA-GATEWAY	n/a (1)	(1)	UP (1) - 192.168.56.1:eureka-gateway:3002
EUREKA-MOVIE	n/a (2)	(2)	UP (2) - 192.168.56.1:eureka-movie:8002 , 192.168.56.1:eureka-movie:8001

图 11-2

其中 3002 为 Gateway 路由服务器，8001 和 8002 端口为 eureka-movie 微服务。现在就可以通过 3002 访问 8001 和 8002 端口上的应用了。这里启动类的代码如下：

示例代码 11-3 SpringCloudEurekaGatewayApplication.java

```
@SpringBootApplication
@EnableEurekaClient
public class SpringCloudEurekaGatewayApplication {
    public static void main(String[] args) {
        SpringApplication.run(SpringCloudEurekaGatewayApplication.class, args);
    }
}
```

3. 访问测试

第一次访问返回 8001 服务器的信息，如图 11-3 所示。

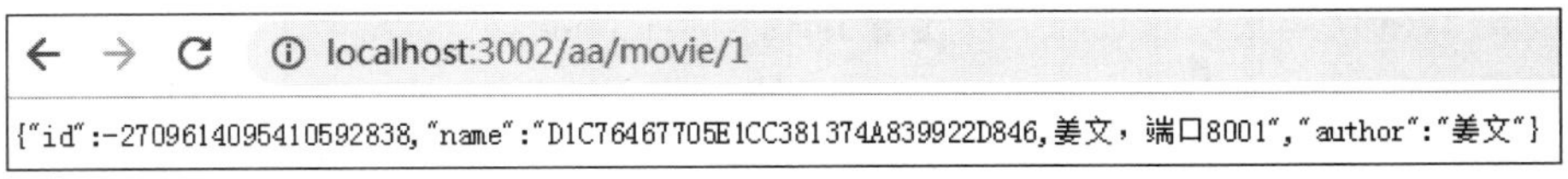

图 11-3

第二次访问返回 8002 服务器的信息，如图 11-4 所示。

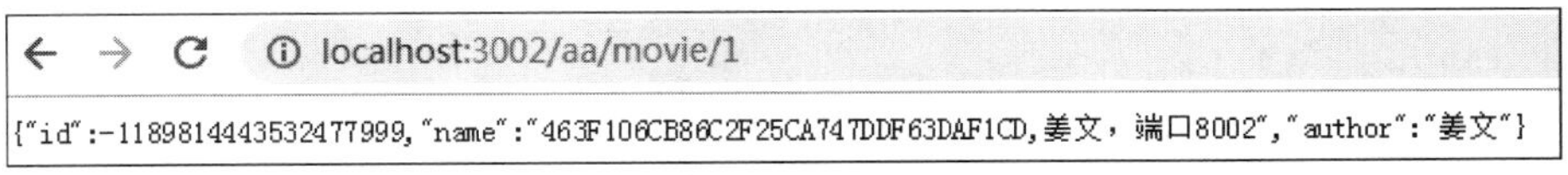

图 11-4

11.2 Gateway 路由编程方式实现

Gateway 的路由也可以通过编程方式来实现，完整的启动类代码如下：

```java
@SpringBootApplication
@EnableEurekaClient
public class SpringCloudEurekaGatewayApplication {
    public static void main(String[] args) {
        SpringApplication.run(SpringCloudEurekaGatewayApplication.class, args);
    }
    /**以下是使用Java 代码配置的 routes*/
    @Bean
    public RouteLocator routeLocator(RouteLocatorBuilder builder) {
        RouteLocatorBuilder.Builder bb = builder.routes();
        bb = bb.route("eureka-movie", new Function<PredicateSpec, AsyncBuilder>() {
            @Override
            public AsyncBuilder apply(PredicateSpec predicateSpec) {
                AsyncBuilder rr = predicateSpec.path("/bb/**").filters(new Function<GatewayFilterSpec, UriSpec>() {
                    @Override
                    public UriSpec apply(GatewayFilterSpec gatewayFilterSpec) {
                        return gatewayFilterSpec.stripPrefix(1);// 删除第一个path部分
                    }
                }).uri("lb://eureka-movie");//或输入: http://server1:8001
                return rr;
            }
        });
        return bb.build();
    }
}
```

上面使用 Java 代码太过冗长，可以使用 Java 8 的 Lambda 表达式实现相应的效果，并简化代码，完整代码如下：

示例代码 11-4　SpringCloudEurekaGatewayApplication.java

```java
@SpringBootApplication
@EnableEurekaClient
public class SpringCloudEurekaGatewayApplication {
    public static void main(String[] args) {
        SpringApplication.run(SpringCloudEurekaGatewayApplication.class, args);
    }
    /**以下是使用Java 代码配置的 routes*/
    @Bean
```

```
public RouteLocator routeLocator(RouteLocatorBuilder builder) {
    return builder.routes().route("eureka-movie",
    sp->sp.path("/cc/**").filters(gf->gf.stripPrefix(1))
    .uri("lb://eureka-movie").filters(new OneFilter(),
    new TwoFilter()))//添加两个 Gateway 过滤器
    .build();
  }
}
```

复杂的路由规则可通过代码实现，这就是 RouteLocator 用处所在。通过 RouteLocatorBuilder 的 routes，可以逐一建立路由，每调用 route 一次可建立一条路由规则，p 的代表是 PredicateSpec，可以通过它的 Predicate 来进行断言，要实现的接口就是 Java 8 的 Predicate，通过 exchange 取得了路径，然后判断它是不是以/cc/开头。对于简单的情况，也可以通过 PredicateSpec 一些方法（如 path 等）来进行断言。

至此，基本的 gateway 路由已经实现。

第 12 章

分布式配置管理快速入门

12.1　Spring Cloud Config Server 介绍

项目中配置的重要性无须多言。在普通单体应用中，我们常常使用配置文件（application(*).properties(yml)）来管理应用的所有配置。这些配置文件在单体应用中非常胜任其角色，并没有让我们感觉到有不合适的地方。但随着微服务框架的引入，微服务数量就会在产品中不断增加，之前我们重点考虑的是系统的可伸缩、可扩展性好，但随之而来的配置管理问题就会一一暴露出来。起初微服务器各自管各自的配置，在开发阶段并没什么问题，但到了生产环境中管理起来就会让人很头疼，如果要大规模更新某项配置，困难就可想而知了。

在分布式系统中，任何一个功能模块都能拆分成一个独立的服务，一次请求的完成，可能会调用很多个服务来协调完成。为了方便服务配置文件统一管理，易于部署和维护，就需要使用分布式配置中心组件。在 Spring Cloud 中，提供了分布式配置中心组件 Spring Cloud Config，它支持配置文件放在配置服务的内存中，也支持放在远程 Git 仓库里。引入 Spring Cloud Config 后，我们的外部配置文件就可以集中放置在一个 Git 仓库里，再新建一个 Config Server，用来管理所有的配置文件，在维护阶段需要更改配置的时候，只需要在本地更改后，推送到远程仓库，所有的服务实例都可以通过 Config Server 来获取配置文件，这时每个服务实例就相当于配置服务的客户端 Config Client。为了保证系统的稳定，配置服务端 Config Server 可以进行集群部署，即使某一个实例因为某种原因不能提供服务，也还有其他的实例保证服务的继续进行。这种方式也方便了在线上服务的配置需要进行修改时，不需要重启服务来使配置生效。

Spring Cloud Config 具有中心化、版本控制、支持动态更新和语言独立等特性。其特点是：

- 提供服务端和客户端支持（Spring Cloud Config Server 和 Spring Cloud Config Client）。
- 集中式管理分布式环境下的应用配置。
- 基于 Spring 环境，实现了与 Spring 应用无缝集成。
- 可用于任何语言开发的程序。
- 默认实现基于 Git 仓库（也支持 SVN），从而可以进行配置的版本管理。

Spring Cloud Config 有两个角色（类似 Eureka）：Server 和 Client。Spring Cloud Config Server 作为配置中心的服务端承担如下作用：

- 拉取配置时更新 Git 仓库的副本，以保证配置为最新。
- 支持从 yml、JSON、properties 等文件加载配置。
- 配合 Eureka 实现服务发现，配合 Cloud Bus（这个将在后面详细说明）可实现配置推送更新。
- 默认配置存储基于 Git 仓库（可以切换为 SVN），从而支持配置的版本管理。

而 Spring Cloud Config Client 的使用则非常方便，只需要在启动配置文件中增加使用 Config Server 上哪个配置文件即可。

12.2 配置服务中心服务器

在分布式系统中，由于服务数量多，为了方便服务配置文件统一管理，实时更新，所以需要分布式配置中心组件。我们知道，在 Spring Cloud Config 组件中有两个角色，一是 Config Server；二是 Config Client。

先来看一下配置服务中心服务器端的开发步骤。

1. 创建 Spring Boot 项目

使用 Spring Initializr 创建 Spring 项目，创建界面如图 12-1 所示。

图 12-1

输入包名和项目名称，依赖包部分只选择 Config Server 即可，如图 12-2 所示。

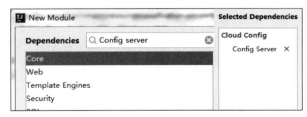

图 12-2

以下是项目的完整依赖，注意依赖为：spring-cloud-config-server。

示例代码 12-1　pom.xml

```xml
<project...>
  <parent>
        <groupId>org.springframework.boot</groupId>
        <artifactId>spring-boot-starter-parent</artifactId>
        <version>2.1.3.RELEASE</version>
        <relativePath/> <!-- lookup parent from repository -->
   </parent>
   <groupId>cn.wj</groupId>
   <artifactId>config-server</artifactId>
   <version>1.0</version>
   <name>config-server</name>
   <description>Demo project for Spring Boot</description>
   <properties>
        <java.version>1.8</java.version>
        <spring-cloud.version>Greenwich.SR1</spring-cloud.version>
   </properties>
   <dependencies>
        <dependency>
            <groupId>org.springframework.cloud</groupId>
            <artifactId>spring-cloud-config-server</artifactId>
        </dependency>
        <dependency>
            <groupId>org.springframework.boot</groupId>
            <artifactId>spring-boot-starter-test</artifactId>
            <scope>test</scope>
        </dependency>
   </dependencies>
   <dependencyManagement>
        <dependencies>
            <dependency>
                <groupId>org.springframework.cloud</groupId>
                <artifactId>spring-cloud-dependencies</artifactId>
                <version>${spring-cloud.version}</version>
                <type>pom</type>
                <scope>import</scope>
            </dependency>
        </dependencies>
   </dependencyManagement>
   <build>
        <plugins>
            <plugin>
                <groupId>org.springframework.boot</groupId>
                <artifactId>spring-boot-maven-plugin</artifactId>
            </plugin>
        </plugins>
```

```xml
    </build>

    <repositories>
        <repository>
            <id>aliyun</id>
            <name>aliyun</name>
            <url>http://maven.aliyun.com/nexus/content/groups/public</url>
        </repository>
        <repository>
            <id>spring-milestones</id>
            <name>Spring Milestones</name>
            <url>https://repo.spring.io/milestone</url>
        </repository>
    </repositories>
</project>
```

2. Gitee（码云）上创建项目用于保存 Config Server 的配置文件

Config Server 的配置文件可以保存到 Git 上，也可以保存到 SVN 上。我们先讲解保存到 Git 上的示例。

- 注册成为 www.gitee.com 的用户。
- 登录 www.gitee.com。
- 创建新的仓库用来保存配置文件，如图 12-3 所示。

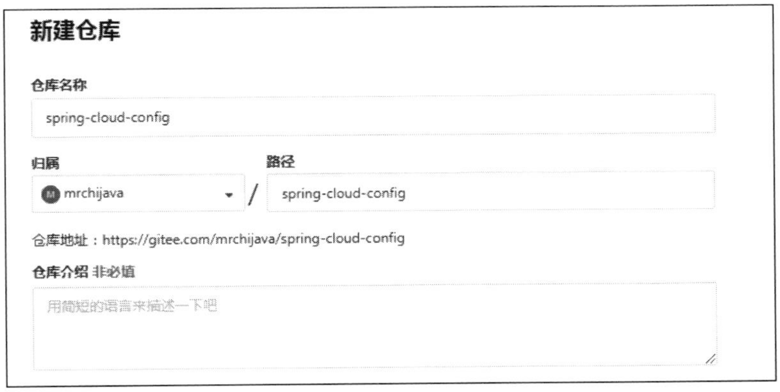

图 12-3

都选择完成以后，选择"创建"。

下载并安装 Git，根据电脑操作系统位数选择相应的版本，输入用户标识，在任意位置打开 Git Bash，如图 12-4 所示。

图 12-4

输入用户标识，就是一个 user.name 和一个 user.email。可以输入任意值。

```
$ git config --global user.name mrchi
$ git config --global user.email dianwei.chi@163.com
```

生成无密码登录的私钥：

```
$ ssh-keygen -t rsa   (然后在生成过程中多次按回车键即可)
```

将公钥保存到 gitee.com 上：`$ cat ~/.ssh/id_rsa.pub` 将复制读取到的字符串，并添加到 www.gitee.com 的公钥位置，如图 12-5 所示。

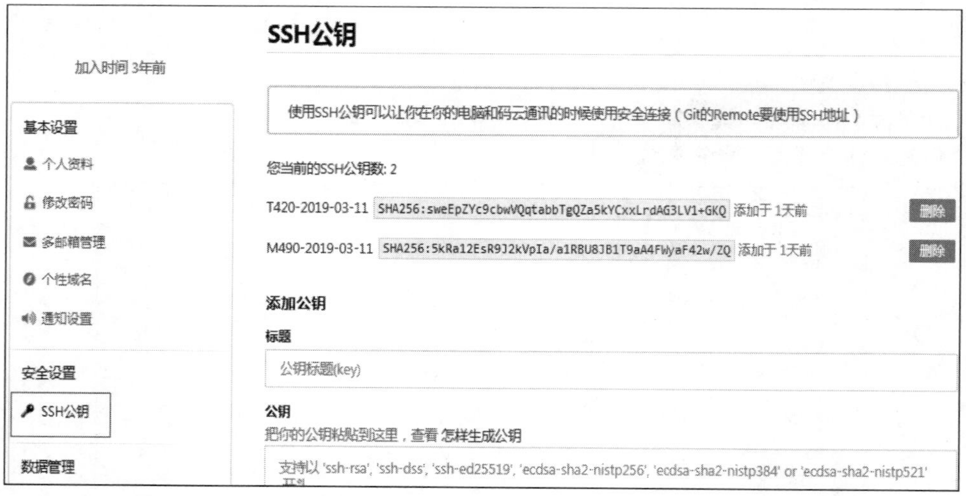

图 12-5

3. 修改 application.properties

现在就可以修改本地项目的 application.properties 文件了，添加以下内容：

示例代码 12-2　application.properties

```
#配置端口号，可选默认为 8080
server.port=7001
#配置项目名称，可选注册到 eureka，可显示此名称
spring.application.name=config-server
#指定在 gitee 上创建的仓库地址，注意为 https://..最后面的.git 可以省略
spring.cloud.config.server.git.uri=https://gitee.com/mrchijava/spring-cloud-co
```

```
nfig.git
#可选的在 git 项目上创建一个子目录，用于保存某些分组的配置
spring.cloud.config.server.git.search-paths=config1
#连接成功以后，会 pull 所有配置文件到本地，可选的指定一个目录，默认将会下载到临时目录
spring.cloud.config.server.git.basedir=E:/gits/spring-cloud-config
#建议本地安装 git 并使用 ssh-key 生成私钥，否则就必须指定用户名和密码
#默认使用 .ssh 下生成的私钥
#spring.cloud.config.server.git.username=XXXXX
#spring.cloud.config.server.git.password=XXXXX
```

默认情况下，Spring Cloud Config Server 会读取本地的 SSH 配置，登录 Gitee 服务器，并将服务器上的代码存储到本地 basedir 指定的目录。

接下来，在本地创建一个 Git 本地仓库，并新增第一个配置文件作为测试，文件名称为 application.yml，里面写一行内容即可，然后将文件提交到远程仓库，具体步骤说明如下。

（1）首先定位到磁盘某个路径下，新建一个文件夹作为本地仓库：

- mkdir spring-cloud-config
- cd spring-cloud-config
- git init

（2）然后创建一个配置文件，并本地添加提交，再远程添加提交：

- touch application.yml
- git add application.yml
- git commit -m "first commit"
- git remote add origin git@gitee.com:mrchijava/spring-cloud-config.git
- git push -u origin master

这样就打开远程仓库网页链接，并能看到仓库 master 分支下有一个文件，如图 12-6 所示。

图 12-6

4. 启动项目访问

启动项目，需要在类上添加 @EnableConfigServer 注解。

示例代码 12-3　SpringcloudConfigServerApplication.properties

```
package cn.xkeeper;
import org.springframework.boot.SpringApplication;
```

```
import org.springframework.boot.autoconfigure.SpringBootApplication;
import org.springframework.cloud.config.server.EnableConfigServer;
@EnableConfigServer//必须添加 EnableConfigServer 注解
@SpringBootApplication
public class SpringcloudConfigServerApplication {
    public static void main(String[] args) {
        SpringApplication.run(SpringcloudConfigServerApplication.class, args);
    }
}
```

图 12-7 所示是启动日志。

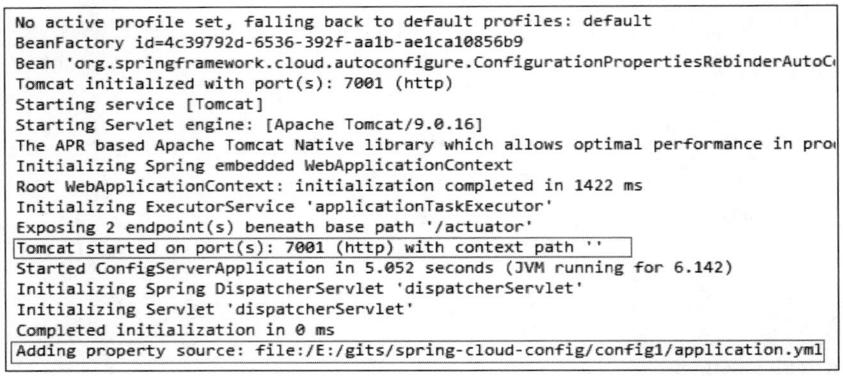

图 12-7

通过 config-server 项目来访问远程 Git 仓库的配置文件，效果如图 12-8 所示。

图 12-8

访问规则：

```
/{application}/{profile}[/{label}]
/{application}-{profile}.yml
```

```
/{label}/{application}-{profile}.yml
/{application}-{profile}.properties
/{label}/{application}-{profile}.properties
```

其中：

- {label}：是可选的 Git 标签，默认为 master。
- {profile}：映射到客户端上的 spring.profiles.active 或 spring.cloud.config.profile，是可选的环境配置，常见的有 local、dev、test、prod。
- {application}：映射到客户端的 spring.application.name 或 spring.cloud.config.name。

> **注意**
> 如果要访问整个 Git 文件，可以使用上面的映射方式，比如：/config-server/dev，就会找 config-dev.properties 文件。

12.3 客户端访问配置中心

客户端项目名称是 config-client，具体参见本章案例源码文件夹。Config Client 通过指定 Config Server 的地址，获取统一的配置文件。

客户端项目中需要添加依赖：spring-config-starter-client。

1. 创建 Spring Cloud 项目

选择 Web 和 starter-client，如图 12-9 所示。

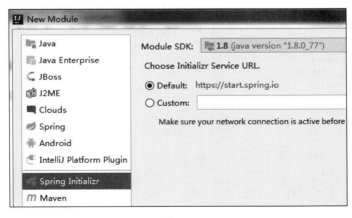

图 12-9

选择 Web 和 Config Client 两个依赖。查看添加的依赖如下：

示例代码 12-4　pom.xml（config-client 项目）

```xml
<dependency>
    <groupId>org.springframework.boot</groupId>
```

```xml
    <artifactId>spring-boot-starter-web</artifactId>
</dependency>
<dependency>
    <groupId>org.springframework.cloud</groupId>
    <artifactId>spring-cloud-starter-config</artifactId>
</dependency>
```

2. 在 Git 上创建配置文件

如图 12-10 所示，在 Git 目录下，创建配置文件。注意 foo 前缀，此名称也就是某个 Spring Boot 项目的名称。

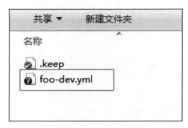

图 12-10

输入如图 12-11 所示的内容用于测试。

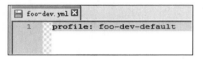

图 12-11

提交到 Git 服务上去，如图 12-12 所示。

图 12-12

3. 添加配置文件

Spring Boot 加载配置文件的顺序为：

- bootstrap.yml
- application.yml

根据官方说明，配置 Config Client 远程连接到的 Config Server，需要配置到 bootstrap.yml 中。在 bootstrap.properties 文件中输入以下内容：

示例代码 12-5　bootstrap.properties

```
#Config Server 地址，用于指定 Spring Cloud Config Server 的地址即可
spring.cloud.config.uri=http://server1:7001/
#profile，指定使用的环境
spring.cloud.config.profile=dev
#使用 Git 时可以指定分支，默认就是 master
spring.cloud.config.name=master
```

在 application.properties 中输入以下内容：

```
server.port=7002
#注意，以下必须取名为 foo，因为在 Git 上存在的文件为 foo-dev.yml 文件，其中 foo 为应用程序的名称
spring.application.name=foo
```

4. 添加一个控制器测试类

为了测试配置文件是否成功，我们读取 Git 上配置文件中的一个常量做一下测试：

示例代码 12-6　DemoController.java

```java
package cn.mrchi.demo.controller;
import org.springframework.beans.factory.annotation.Value;
import org.springframework.web.bind.annotation.RequestMapping;
import org.springframework.web.bind.annotation.RestController;
@RestController
public class DemoController {
    /**
     * 将会读取 Git 中 config1 目录下的 foo-dev.yml 文件中的配置
     */
    @Value("${profile}")
    private String profile;
    @RequestMapping("/profile")
    public String getProfile(){
        return profile;
    }
}
```

5. 启动项目

先启动 config-server，再启动 config-client，访问效果如图 12-13 所示。

图 12-13

可以再次访问 7001 端口，即 Config Server 服务器，查看信息，显示结果如图 12-14 所示。

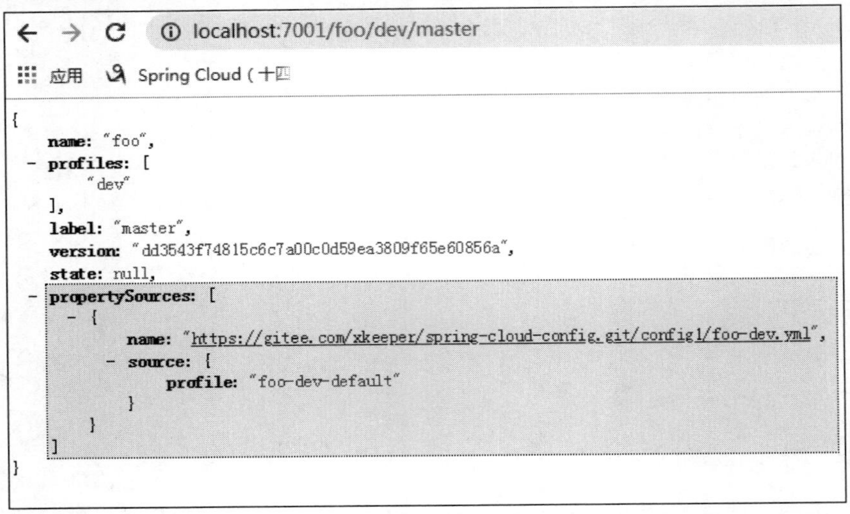

```
localhost:7001/foo/dev/master

{
    name: "foo",
  - profiles: [
        "dev"
    ],
    label: "master",
    version: "dd3543f74815c6c7a00c0d59ea3809f65e60856a",
    state: null,
  - propertySources: [
      - {
            name: "https://gitee.com/xkeeper/spring-cloud-config.git/config1/foo-dev.yml",
          - source: [
                profile: "foo-dev-default"
            }
        }
    ]
}
```

图 12-14

有关配置文件总结如下：

- 配置到 Git 上的 yml 文件，其前缀为项目的名称。如：taoqiu-user-dev.yml 文件，其中 taoqiu-user 为 spring.application.name=taoqiu-user 名称，dev 为 Config Client 中通过 spring.cloud.config.profile=dev 指定的名称，可以是任意值，表示为某种模式。
- application.yml 或 application.properties 文件为默认或是回退配置文件。
- 如果已经从 Git 上读取到数据，则本地的配置文件将被忽略。

第 13 章

分布式配置管理应用深入

上一章中我们快速体验了一个分布式配置中心的搭建,使用 Git 实现了配置文件的管理。本章将详细讲解分布式配置的基本结构、工作流程、Git 仓库和 SVN 仓库的配置,并在最后通过实战细化一个分布式配置的完整实现。

13.1 基础架构和工作流程

本节我们深入理解一下分布式配置整个结构是如何运作起来的。先来看一下其基本结构,具体结构图如图 13-1 所示。其中,主要包含下面几个要素:

- 远程 Git 仓库:用来存储配置文件的地方,比如我们用来存储针对应用名为 foo 的多环境配置文件 foo-{profile}.properties。
- Config Server:这是构建的分布式配置中心,即 config-server 工程,在该工程中指定了所要连接的 Git 仓库位置以及账户、密码等连接信息。
- 本地 Git 仓库:在 Config Server 的文件系统中,每次客户端请求获取配置信息时,Config Server 从 Git 仓库中获取最新配置到本地,然后在本地 Git 仓库中读取并返回。当远程仓库无法获取时,直接将本地内容返回。
- Service A、Service B:具体的微服务应用,它们指定了 Config Server 的地址,从而实现从外部获取应用自己要用的配置信息。这些应用在启动的时候,会向 Config Server 请求获取配置信息来进行加载。

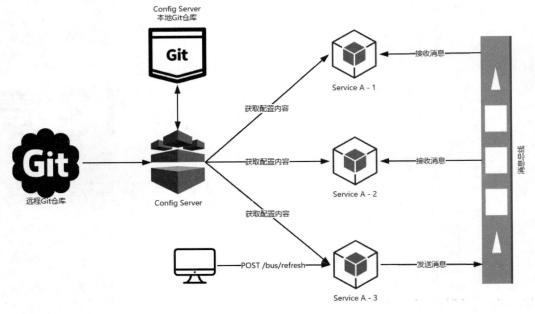

图 13-1

客户端应用从配置管理中获取配置信息遵循下面的执行流程：

- 应用启动时，根据 bootstrap.properties 中配置的应用名 {application}、环境名 {profile}、分支名 {label}，向 Config Server 请求获取配置信息。
- Config Server 根据自己维护的 Git 仓库信息和客户端传递过来的配置定位信息，去查找配置信息。
- 通过 git clone 命令将找到的配置信息下载到 Config Server 的文件系统中。
- Config Server 创建 Spring 的 Applicationcontext 实例，并从 Git 本地仓库中加载配置文件，最后将这些配置内容读取出来，返回给客户端应用。
- 客户端应用在获得外部配置文件后加载到客户端的 ApplicationContext 实例，该配置内容的优先级高于客户端 jar 包内部的配置内容，所以在 jar 包中重复的内容将不再被加载。
- Config Server 巧妙地通过 git clone 将配置信息存储在本地，起到缓存的作用。即使当 Git 服务端无法访问的时候，依然可以取 Config Server 中的缓存内容进行使用。

13.2 配置仓库

13.2.1 Git 仓库配置

在 Spring Cloud Config 的服务端，对于配置仓库的默认实现采用了 Git。Git 非常适合用于存储配置内容，它可以非常方便地使用各种第三方工具来对其进行管理、更新和版本化，同时 Git 仓库的 Hook 功能还可以帮助我们实时监控配置内容的修改。其中，Git 自身的版本控制功能正是其他一些配置中心所欠缺的。通过 Git 进行存储意味着，一个应用的不同部署实例可以从 Spring Cloud Config 的服务端获取不同的版本配置，从而支持一些特殊的应用场景。

由于 Spring Cloud Config 中默认使用 Git，所以对于 Git 的配置非常简单，只需在 Config Server 的 application.properties 中设置 spring.cloud.config.server.git.uri 属性，为其指定 Git 仓库的网络地址和账户信息即可。

所以我们只需要在 Config Server 中的 application.properties 中设置 spring.cloud.config.server.git. uri 属性，比如可以参考下面的配置：

```
spring.application.name=config-server-git
server.port=7001
spring.cloud.config.server.git.uri=https://github.com/servef-toto/SpringCloud-Demo/
spring.cloud.config.server.git.search-paths=config-server-file/git-config
spring.cloud.config.server.git.username=mrchi
spring.cloud.config.server.git.password=1234
```

如果我们将该值通过 file:// 前缀来设置为一个文件地址（在 Window 系统中，要使用 file:/// 来定位文件内容），那么它将以本地仓库的方式运行，这样我们就可以脱离 Git 服务端来快速进行调试与开发。比如：我们知道在配置 Git 仓库的时候，读取配置会从 Git 远程仓库中 git clone 到本地，控制台日志说明下载到本地的 /var/folders/p0/kw_s_8xj2gqc929nys7cj2yh0000gn/T/config-repo-2847833657021753497/ 文件夹下（当然自己也可以 git clone 远程的配置信息到本地），所以若要以本地仓库方式运行，则可以参考如下配置（spring.cloud.config.server.git.uri =file://${user.home}/config-repo）：

```
spring:
  application:
    name: config-server-git
  cloud:
    config:
      server:
        git:
          uri:
file://var/folders/p0/kw_s_8xj2gqc929nys7cj2yh0000gn/T/config-repo-2847833657021753497/config-repo
```

其中，${user.home} 代表当前用户的所属目录，file:// 表示配置的本地文件系统方式。虽然对于本地开发调试时使用非常方便，但是该方式也仅用于开发与测试，在生产环境中务必搭建自己的 Git 仓库来存储配置资源。

1. 占位符配置 URL

{application}、{profile}、{label} 这些占位符除了用于标识配置文件的规则之外，还可以用于 Config Server 中对 Git 仓库地址的 URL 配置。比如，我们可以通过 {application} 占位符实现一个应用对应一个 Git 仓库目录的配置效果，具体配置实现如下：

```
spring.cloud.config.server.git.uri=http://git.oschina.net/mrchi/{application}
spring.cloud.config.server.git.username=username
```

```
spring.cloud.config.server.git.password=password
```

其中，{application}代表了应用名，所以当客户端应用向Config Server发起获取配置的请求时，Config Server会根据客户端的spring.application.name信息来填充{application}占位符，以定位配置资源的存储位置，从而实现根据微服务应用的属性动态获取不同的配置。另外，在这些占位符中，{label}参数较为特别，如果Git的分支和标签名包含"/"，那么{label}参数在HTTP的URL中应该使用"(_)"来代替，以避免改变URL的含义，指向到其他的URL资源上。

当我们使用Git作为配置中心来存储各个微服务应用的配置文件的时候，该功能会变得非常有用，通过在URL中使用占位符，可以帮助我们规划和实现通用的仓库配置，比如，下面的规划：

- 代码库：使用服务名作为Git仓库名称，比如用户服务的代码库http://git.oschina.net/mrchi/user-service。
- 配置库：使用服务名加上-config后缀作为Git仓库名称，比如用户服务的配置库地址是http://git.oschina.net/mrchi/user-service-config。

这时，我们就可以使用spring.cloud.config.server.git.uri=http://git.oschina.net/mrchi/{application}-config配置，来同时匹配多个不同服务的配置仓库。

2. 配置多个仓库

Config Server除了可以通过application和profile模式来匹配配置仓库之外，还支持通过带有通配符的表达式来匹配，以实现更为复杂的配置要求。并且，当我们有多个匹配规则的时候，还可以通过使用逗号来分割多个{application}/{profile}配置规则，比如：

```
spring.cloud.config.server.git.uri=http://git.oschina.net/mrchi/config-repo
spring.cloud.config.server.git.repos.dev.pattern=dev/*
spring.cloud.config.server.git.repos.dev.uri=file://home/git/config-repo
spring.cloud.config.server.git.repos.test=http://git.oschina.net/test/config-repo
spring.cloud.config.server.git.repos.prod.pattern=prod/pp*,online/oo*
spring.cloud.config.server.git.repos.prod.uri=http://git.oschina.net/prod/config-repo
```

上述配置内容通过配置spring.cloud.config.server.git.uri的属性，指定了一个默认的仓库位置。当使用{application}/{profile}模式未能匹配到合适的仓库时，就将在该默认仓库位置下获取配置信息。除此之外，还配置了三个仓库，分别是dev、test、prod。其中，dev仓库匹配dev/*的模式，所以无论profile是什么，它都能匹配application名称为dev的应用。同时，我们注意到，它存储的配置文件位置还采用了Config Server的本地文件系统中的内容。对于此位置，我们可以通过访问http://localhost:9090/dev/profile的请求来验证到该仓库的配置内容，其中profile可以是任意值。而test和prod仓库均使用Git仓库的存储，并且test仓库未配置匹配规则，所以它只匹配application名为test的应用；prod仓库则需要匹配application为prod并且profile为pp开头，或者application为online并且profile为oo开头的应用和环境。

当配置多个仓库的时候，Config Server在启动时，会直接克隆第一个仓库的配置库，其他的配置只有在请求时才会克隆到本地，所以对于仓库的排列可以根据配置内容的重要程度有所区分。另外，如果表达式是以通配符开始的，那么需要使用引号将配置内容引起来。

3. 子目录存储

除了支持占位符配置、多仓库配置之外，Config Server 还可以将配置文件定位到 Git 仓库的子目录中。在 12.2 节中，我们除了配置 spring.cloud.config.server.git.uri 之外，还配置了另外一个参数：spring.cloud.config.server.git.search-paths，通过这个参数可以实现在 http://git.oschina.net/mrchi/config-repo-demo 仓库的 config-repo 子目录下存储配置：

```yaml
spring:
  application:
    name: config-server-git
  cloud:
    config:
      server:
        git:
          uri: http://git.oschina.net/mrchi/config-repo-demo
          username:
          password:
          search-paths: config-repo
server:
  port: 9090
```

通过上面的配置，我们可以实现 http://git.oschina.net/mrchi/config-repo-demo 仓库下，一个应用一个目录的效果。

对于 spring.cloud.config.server.git.search-paths 参数的配置，也支持使用{application}、{profile}和{label}占位符，比如：

```yaml
spring:
  application:
    name: config-server-git
  cloud:
    config:
      server:
        git:
          uri: http://git.oschina.net/mrchi/config-repo-demo
          username:
          password:
          search-paths: {application}
server:
  port: 9090
```

这种方式也可以一个服务一个目录，这样就可以在一个仓库中管理多个服务的配置，这种方式也比较好。

4. 访问权限

Config Server 在访问 Git 仓库的时候，若采用 HTTP 的方式进行认证，那么我们需要增加 username 和 password 属性来配置账户，比如 13.2 节中配置 config-repo 子目录下存储的例子：

```yaml
spring:
  application:
    name: config-server-git
  cloud:
    config:
      server:
        git:
          uri: http://git.oschina.net/mrchi/config-repo-demo
          username:
          password:
          search-paths: config-repo
server:
  port: 9090
```

若不采用 HTTP 的认证方式，我们也可以采用 SSH 的方式，通过生成 key 并在 Git 仓库中进行配置匹配以实现访问。

13.2.2 SVN 仓库配置

Config Server 除了支持 Git 仓库之外，也能使用 SVN 仓库，只需要如下配置。

（1）在 pom.xml 中引入 SVN 的依赖配置，让 Config Server 拥有读取 SVN 内容的能力。

（2）在 application.properties 中使用 SVN 的配置属性来指定 SVN 服务器的位置，以及访问的账户名与密码：

```
spring.cloud.config.server.svn.uri=svn://localhost:443/didispace/config-repo
spring.cloud.config.server.svn.username=username
spring.cloud.config.server.svn.password=password
```

通过上面的配置修改，Config Server 就可以使用 SVN 作为仓库来存储配置文件了，对于客户端来说，这个过程是透明的，所以不需要做任何变动。

13.3 基于 Git 仓库的分布式配置实战

13.3.1 创建 Config Server 项目

1. 创建项目目录

在任意的磁盘下，创建一个空目录，用于保存 IDEA 创建的"Empty Project（空项目）"。一般用 IDEA 的空项目来保存多个 module，这样可以实现在同一个 IDEA 中打开多个项目。

2. 使用 IDEA 创建一个空项目

现在使用 IDEA 创建一个空项目，首先选择创建空项目，如图 13-2 所示。

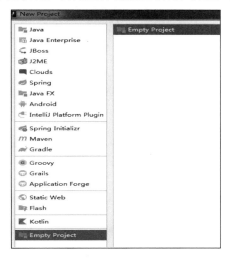

图 13-2

输入要创建的目录，如图 13-3 所示。

图 13-3

3. 创建一个 Module

在 IDEA 中，空项目中的 Module 对应 Eclipse 中的 project。现在我们创建一个 Module 为 Spring Cloud Config Server 项目。

选择 Modules→+创建一个新 Module，如图 13-4 所示。

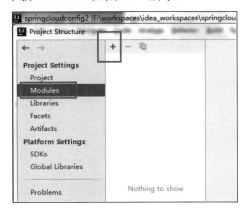

图 13-4

使用 Spring Initializr 来创建项目，如图 13-5 所示。

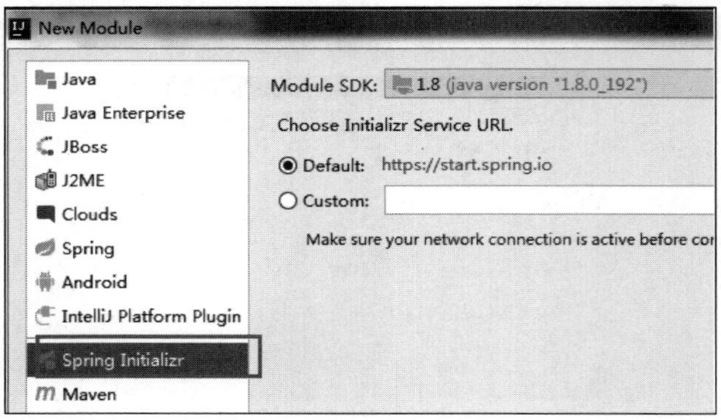

图 13-5

输入项目的包名等信息，如图 13-6 所示。

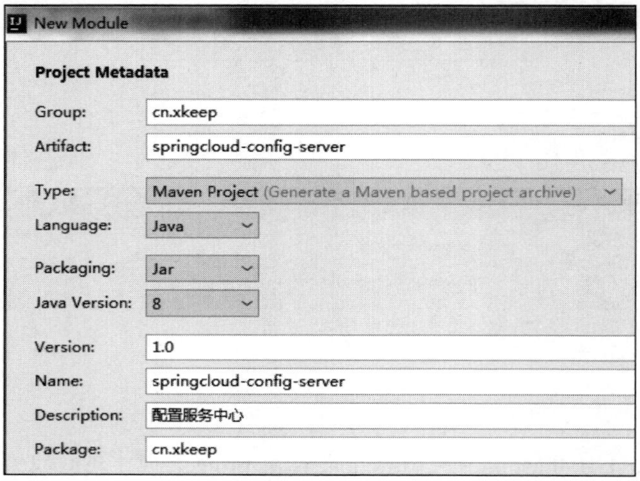

图 13-6

只选择 Config Server 即可，如图 13-7 所示。

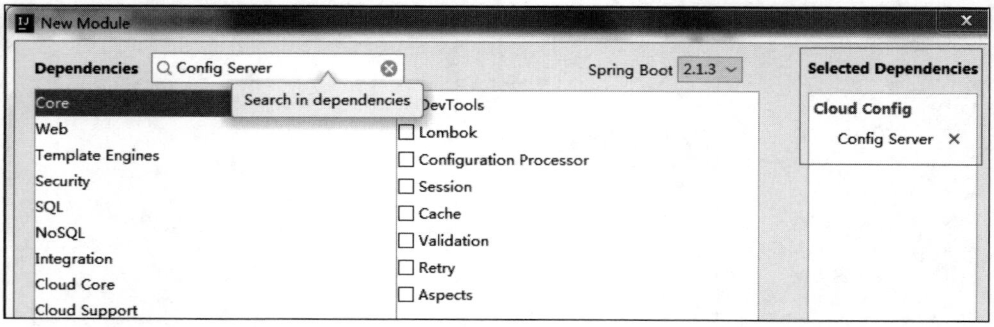

图 13-7

点击 Finish 按钮，项目创建完成，项目结构如图 13-8 所示。

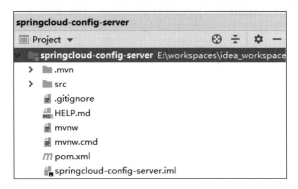

图 13-8

创建完成的项目，与普通的 Spring Boot 项目没有什么区别。

4. 添加 ConfigServer 注解

首先在启动类上添加@EnableConfigServer 注解，否则不会从 Git 上下载配置的数据，源代码如下：

示例代码 13-1　SpringcloudConfigServerApplication.java

```java
package cn.xkeep;
import org.springframework.boot.SpringApplication;
import org.springframework.boot.autoconfigure.SpringBootApplication;
import org.springframework.cloud.config.server.EnableConfigServer;
/**
 * mrchi, 2019-03-23
 */
@EnableConfigServer
@SpringBootApplication
public class SpringcloudConfigServerApplication {
    public static void main(String[] args) {
        SpringApplication.run(SpringcloudConfigServerApplication.class, args);
    }
}
```

13.3.2　创建 Git 配置项目

此步需要创建 Git 仓库，为了可以更好地编辑 application.yml 文件，同时创建一个空的 Spring Boot 项目，并提交到 Git。

1. 创建 Git 仓库

打开 https://gitee.com/projects/new，新建仓库如图 13-9 所示。

图 13-9

2. 克隆仓库

将创建的仓库克隆到一个任意的目录下,稍后只使用里面隐藏的 .git 文件。只要不是刚才创建的项目目录即可。

获取克隆地址,使用 SSH,如图 13-10 所示。

图 13-10

克隆数据,我们将它克隆到 D:/a 目录下,那么这个 D:/a 目录将不再使用,将会被删除。

可以看到,目录中有一个隐藏的 .git 文件,就是用于管理这个仓库的目录,我们会在第 4 步中用到它。

3. 创建一个 Module

在 IDEA 中创建一个 Module,用于配置 Spring 的配置文件。

建议输入的项目名与 Git 仓库中创建的项目名一样,如图 13-11 所示。

第 13 章　分布式配置管理应用深入 | 177

图 13-11

什么都不用选，只是一个空的 Spring Boot 项目，这里注意修改一下名称，如图 13-12 所示。

图 13-12

创建好的项目如图 13-13 所示。

图 13-13

4. 同步到 Git

现在可以将 .git 隐藏文件复制到创建的项目目录下，如图 13-14 所示。

然后提交一版本初始化代码，在当前项目的目录下，打开 git bash 分别执行以下命令，显示效果如图 13-15 所示。

- git add
- git commit -m "init"
- git push

```
$ git push
Enumerating objects: 26, done.
Counting objects: 100% (26/26), done.
Delta compression using up to 4 threads
Compressing objects: 100% (17/17), done.
Writing objects: 100% (24/24), 49.53 KiB | 1.01 MiB/s, done.
Total 24 (delta 0), reused 0 (delta 0)
remote: Powered By Gitee.com
To gitee.com:xkeeper/springcloud-config-git.git
   a921c71..bac5d72  master -> master
```

图 13-15

查看服务器，确认一下是否已经同步。

13.3.3 添加配置文件

现在在 Git 上就可以添加 Spring 的配置文件了。由于这本身就是一个 Spring Boot 项目，所以可以直接编辑 Spring Boot 的配置文件。

1. 在 IDEA 中创建一个配置目录

创建一个配置目录的原因是，用于分开项目的版本，如 alpha、bate、release 等。先添加一个 alpha 版本目录，如图 13-16 所示。

图 13-16

上面的四个文件说明如下：

- application.yml 为默认的总配置文件。
- application-dev.yml 为默认总开发版本的配置文件。
- springcloud_movies.yml 为 springcloud_movies 项目的配置文件，即某个 Spring Boot 的项目的名称为：springcloud_movies。
- springcloud_movies-dev.yml 为 springcloud_movies 项目的开发环境配置。

2. 转成 Spring 的配置文件

可以看到，上面的配置文件并不是 Spring 的配置文件，现在修改映射成 Spring 的配置文件。选择 Project Structure，然后选择 Spring→+ ，如图 13-17、图 13-18 所示。

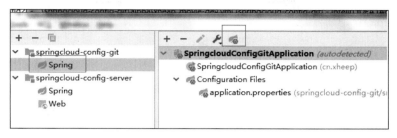

图 13-17

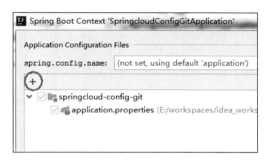

图 13-18

然后选择这 4 个文件即可，如图 13-19 所示。

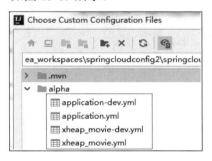

图 13-19

添加完成以后，已经可以自动识别为 Spring 的项目，识别后的效果如图 13-20 所示。

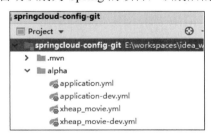

图 13-20

3. 输入测试数据

现在分别在 4 个文件中输入相应的内容。

application.yml 中：

```
some:
Name: application' name
```

application-dev.xml 中：

```
Some:
Name: application's dev name
```

springcloud_movies.yml 中：

```
Some:
Name: springcloud_movies's name
```

springcloud_movies-dev.yml 中：

```
Some:
Name: springcloud_movies's dev name
```

添加这些数据的主要功能是为了区分，也用于查看是否获取到了正确的配置。

4. 提交数据

现在可以将数据提交到服务器了，通过 git commit 提交，然后提交到远程，如图 13-21 所示。

图 13-21

13.3.4　Config Server 引用 Git

现在就可以在 Config Server 中引用 Git 中的配置，并修改 Config Server 中的配置文件了。

1. 配置 Git 仓库

示例代码 13-2　application.yml

```
server:
 port: 8888 #默认就是 8888 端口
spring:
```

```
    application:
      name: config_server
    cloud:
      config:
        server:
          git:
            #配置为 https 的 git 地址
            uri: https://gitee.com/mrchijava/springcloud-config-git.git
            search-paths:
              - alpha  #指定子目录
            #指定本地目录，否则会放到临时目录下
            basedir:
E:/workspaces/idea_workspaces/springcloudconfig2/springcloud-config-git
            force-pull: true
logging:
  level:
    root: INFO
```

2. 启动并访问测试

按以下规则访问：

```
/{application}/{profile}[/{label}]
/{application}-{profile}.yml
/{label}/{application}-{profile}.yml
/{application}-{profile}.properties
/{label}/{application}-{profile}.properties
```

几个不同的 URL 访问，显示效果如图 13-22、图 13-23、图 13-24 所示。

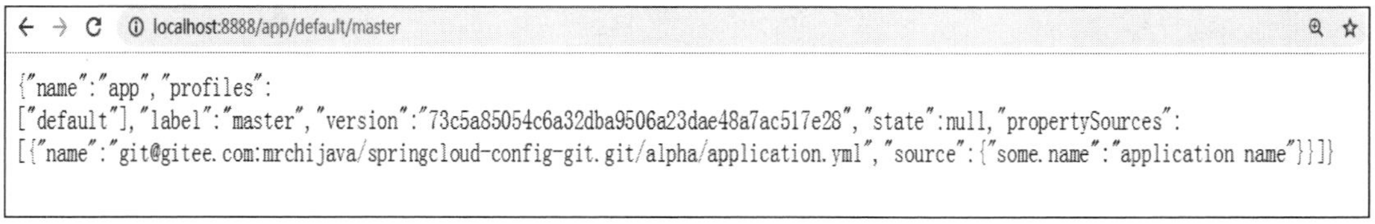

图 13-22

> **说 明**
>
> app1 为项目名称，由于在配置中心没有 app1.yml，所以只能访问 application.yml 默认配置。

图 13-23

说 明
App1 为项目名称，dev 为 profile，由于服务器上存在 application-dev.yml，所以先显示 dev.yml。

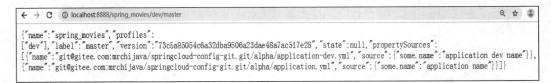

图 13-24

说 明
springcloud_movies 为项目名称，dev 为开发环境，master 为分支。由于存在 springcloud_movies-dev.yml 文件，所以按匹配规则依次显示。

13.3.5 配置客户端

现在只要在客户端指定以下信息：

- Config Server 的地址。
- spring.application.name 的值，即自己的名称。
- 使用的 profile，可以为 default 或 dev 等。默认为 default。

1. 创建 Config Client 项目

现在创建一个 Spring Boot 项目，用于读取配置中心的配置文件。

需要添加 Config Client 的依赖，如图 13-25 所示。

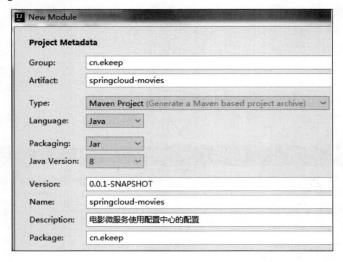

图 13-25

添加 Web、Lombok、Config Client 的依赖，注意修改这个目录，如图 13-26 所示。

图 13-26

2. 添加 Spring Boot 配置文件

根据 Spring Boot 加载规则，会先读取 bootstrap.yml，再加载 application.yml 配置文件。现在，我们需要将连接 Config Server 配置到 bootstrap.yml 中，以便于启动时直接连接配置中心。

示例代码 13-3　bootstrap.yml

```yaml
server:
  port: 7001 #指定服务器端口，默认为8080
spring:
  application:
    name: springcloud_movie #指定项目的名称，与Git上的配置文件:springcloud_movies.yml
形成对应关系
  cloud:
    config:
      uri: http://localhost:8888 #默认配置中心的URL，即为http://localhost:8888
      profile: default #指定使用的开发环境，默认为default
      label: master #指定Git分支，默认为master
```

重点说明一下，如果将上述的 profile 切换为 dev，即为读取 springcloud_movie-dev.yml 配置文件。

添加完成以后的项目如图 13-27 所示。

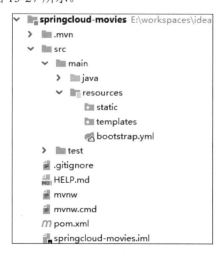

图 13-27

可见，此项目并没有 application.yml 配置文件，而是通过 ConfigServer 到远程 Git 仓库读取，其实，项目本地机器仍然可以有 application.yml 配置文件，用于配置一些本地的配置数据。

3. 开发测试用例读取项目的配置文件

我们现在启动 Config Server。接下来就可以在 Config Client 的项目中使用 Spring 的测试用例，以获取配置中心的配置。

示例代码 13-4　DemoController.java

```java
@Slf4j
@RunWith(SpringRunner.class)
@SpringBootTest
public class SpringcloudMoviesApplicationTests {
    @Value("${some.name}")
    private String someName;
    @Test
    public void contextLoads() {
      log.info("获取到配置中心的配置为："+someName);
    }
}
```

输出结果：

获取到配置中心的配置为：`springcloud_movies.yml's default name`

因为我们配置的项目名称为 springcloud_movies，而配置的 profile 为 default，所以读取到配置中心 springcloud_movies.yml 配置文件中的内容。

现在我们修改客户端的配置，将 profile 设置为 dev，即开发环境，则应该会读取 springcloud_movies-dev.yml 配置文件，如图 13-28 所示。

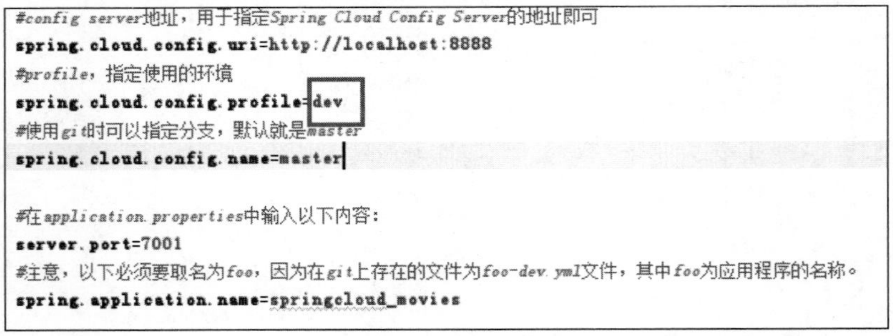

```
#config server地址，用于指定Spring Cloud Config Server的地址即可
spring.cloud.config.uri=http://localhost:8888
#profile，指定使用的环境
spring.cloud.config.profile=dev
#使用git时可以指定分支，默认就是master
spring.cloud.config.name=master

#在application.properties中输入以下内容：
server.port=7001
#注意，以下必须要取名为foo，因为在git上存在的文件为foo-dev.yml文件，其中foo为应用程序的名称。
spring.application.name=springcloud_movies
```

图 13-28

再次运行测试：

获取到配置中心的配置为：`springcloud_movies-dev.yml's development name`

可见已经读取到 springcloud_movies-dev.yml 中的配置了。

4. 读取默认配置

如果在 springcloud_movies.yml 中没有某个配置，将会默认读取 application.yml 中的配置内容。现在仅在 application.yml 中添加配置，然后使用 Git 提交并拖曳到服务器，如图 13-29 所示。

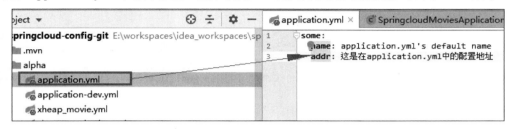

图 13-29

在测试中添加 ${some.addr} 的引用，如图 13-30 所示。

```
package cn.xkeep;
import lombok.extern.slf4j.Slf4j;
import org.junit.Test;
import org.junit.runner.RunWith;
import org.springframework.beans.factory.annotation.Value;
import org.springframework.boot.test.context.SpringBootTest;
import org.springframework.test.context.junit4.SpringRunner;
@Slf4j
@RunWith(SpringRunner.class)
@SpringBootTest
public class SpringcloudMoviesApplicationTests {
    @Value("${some.name}")
    private String someName;
    @Value("${some.addr}")
    private String someAddr;
    @Test
    public void contextLoads() {
        Log.info("获取到配置中心的配置为："+someName);
        Log.info("获取到的地址为："+someAddr);
    }
}
```

图 13-30

输出的内容：

```
获取到配置中心的配置为：springcloud_movies-dev.yml's development name
获取到的地址为：这是在 application.yml 中的配置地址
```

可见，根据优先级，如果没有找到相关配置，则会一直向下找，直到发现这个配置为止。

第 14 章

Spring Cloud 链路追踪

随着项目的业务复杂度变高，系统拆分导致系统调用的链路愈加复杂。一个前端请求可能最终需要调用很多次后端服务才能完成，当整个请求变慢或不可用时，我们无法得知该请求是由某个或某些后端服务引起的，这时就需要解决如何快速定位服务故障点的问题，以便对症下药。于是就有了分布式系统调用跟踪的诞生。

14.1　Spring Cloud Sleuth 组件概述

1. Zipkin 介绍

Zipkin 分布式跟踪系统可以帮助我们收集时间数据，解决在微服务架构下的延迟问题，它管理这些数据的收集和查找。Zipkin 是基于谷歌的 Google Dapper 论文设计出来的。

每个应用程序向 Zipkin 报告定时数据，Zipkin UI 呈现了一个依赖图表来展示多少跟踪请求经过了每个应用程序。如果想解决延迟问题，可以过滤或者排序所有的跟踪请求，并且可以查看每个跟踪请求占总跟踪时间的百分比。

为什么要使用 Zipkin 呢？

随着业务越来越复杂，系统也随之进行各种拆分，特别是随着微服务架构和容器技术的兴起，看似简单的一个应用，后台可能有几十个甚至几百个服务在支撑；一个前端的请求可能需要多次的服务调用最后才能完成；当请求变慢或者不可用时，我们无法得知是哪个后台服务引起的，这时就需要解决如何快速定位服务故障点的问题，Zipkin 分布式跟踪系统就能很好地解决这样的问题。

Spring Cloud Sleuth 主要功能就是在分布式系统中提供追踪解决方案，并且兼容支持 Zipkin，我们只需要在 pom 文件中引入相应的依赖即可。

2. 服务追踪分析

微服务架构上通过业务来划分服务。通过 REST 调用对外暴露的一个接口，可能需要很多个服务协同才能完成这个接口功能。如果链路上任何一个服务出现问题或者网络超时，都会导致接口调用失败。随着业务的不断扩张，服务之间的互相调用会越来越复杂，服务之间的调用如图 14-1 所示。

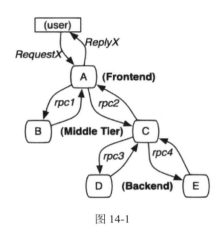

图 14-1

随着服务的越来越多，对调用链的分析也会越来越复杂。它们之间的调用关系也许会如图 14-2 所示那样。

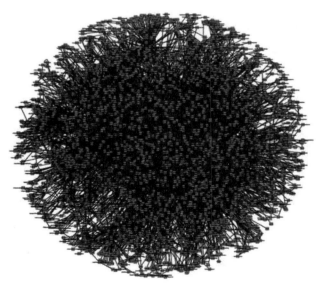

图 14-2

3. 名词解释

span：基本工作单元，例如，在一个新建的 span 中发送一个 RPC，等同于发送一个回应请求给 RPC，span 通过一个 64 位 ID 唯一标识，trace 以另一个 64 位 ID 表示，span 还有其他数据信息，比如摘要、时间戳事件、关键值注释（tags）、span 的 ID，以及进度 ID（通常是 IP 地址）。span 在不断地启动和停止，同时记录了时间信息。当我们创建了一个 span，那么我们必须在未来的某个时刻停止它。

- trace：一系列 span 组成的一个树状结构。例如，如果我们正在运行一个分布式大数据工程，就可能需要创建一个 trace。
- annotation：用来及时记录一个事件的存在。一些核心 annotation 用来定义一个请求的开始和结束。
- cs：Client Sent，客户端发起一个请求，这个 annotation 就描述了这个 span 的开始。
- sr：Server Received，服务端获得请求并准备开始处理它。如果将其 sr 减去 cs 时间戳，便可得到网络延迟。
- ss：Server Sent，注解表明请求处理的完成（当请求返回客户端）。如果将 ss 减去 sr 时间戳，便可得到服务端需要的处理请求时间。
- cr：Client Received，表明 span 的结束，客户端成功接收到服务端的回复。如果将 cr 减去 cs 时间戳，便可得到客户端从服务端获取回复的所有所需时间。

14.2 服务追踪实现

了解了服务追踪的原理和 Sleuth 术语后，下面我们来进行服务追踪实战。本案例主要由三个工程组成：一个 server-zipkin，它的主要作用是使用 Zipkin Server 的功能，收集调用数据并展示之；一个 service-hi，对外暴露 hi 接口；一个 service-miya，对外暴露 miya 接口。service-hi 和 service-miya 这两个 service 可以相互调用，并且只有这两个 service 调用了，server-zipkin 才会收集数据，这就是为什么叫服务追踪了。

1. 构建 server-zipkin

在 Spring Cloud 为 F 版本的时候，已经不需要自己构建 Zipkin Server 了，只需要下载 jar 包即可。Zipkin Server 下载地址：https://dl.bintray.com/openzipkin/maven/io/zipkin/java/zipkin-server/。下载完成 jar 包之后，需要运行 jar，如下：

```
java -jar zipkin-server-2.10.1-exec.jar
```

然后打开浏览器，输入网址：localhost:9411 并访问。

2. 创建 service-hi

在其 pom 中引入起步依赖 spring-cloud-starter-zipkin，代码如下：

示例代码 14-1　pom.xml

```
<?xml version="1.0" encoding="UTF-8"?>
<project xmlns="http://maven.apache.org/POM/4.0.0"
xmlns:xsi="http://www.w3.org/2001/XMLSchema-instance"
```

```xml
        xsi:schemaLocation="http://maven.apache.org/POM/4.0.0
http://maven.apache.org/xsd/maven-4.0.0.xsd">
    <modelVersion>4.0.0</modelVersion>
    <groupId>com.mrchi</groupId>
    <artifactId>service-zipkin</artifactId>
    <version>0.0.1-SNAPSHOT</version>
    <packaging>jar</packaging>
    <name>service-hi</name>
    <description>Demo project for Spring Boot</description>
    <parent>
        <groupId>com.mrchi</groupId>
        <artifactId>springcloud-sleuth</artifactId>
        <version>0.0.1-SNAPSHOT</version>
    </parent>
    <dependencies>
        <dependency>
            <groupId>org.springframework.boot</groupId>
            <artifactId>spring-boot-starter-web</artifactId>
        </dependency>

        <dependency>
            <groupId>org.springframework.cloud</groupId>
            <artifactId>spring-cloud-starter-zipkin</artifactId>
        </dependency>
    </dependencies>
    <build>
        <plugins>
            <plugin>
                <groupId>org.springframework.boot</groupId>
                <artifactId>spring-boot-maven-plugin</artifactId>
            </plugin>
        </plugins>
    </build>
</project>
```

在配置文件 application.yml 中指定 Zipkin Server 的地址，配置项为 spring.zipkin.base-url：

```
server.port=8988
spring.zipkin.base-url=http://localhost:9411
spring.application.name=service-hi
```

通过引入 spring-cloud-starter-zipkin 依赖并设置 spring.zipkin.base-url 就可以了。

对外暴露接口：

示例代码 14-2　ServiceHiApplication.java

```
@SpringBootApplication
@RestController
```

```java
public class ServiceHiApplication {

    public static void main(String[] args) {
        SpringApplication.run(ServiceHiApplication.class, args);
    }

    private static final Logger LOG =
Logger.getLogger(ServiceHiApplication.class.getName());


    @Autowired
    private RestTemplate restTemplate;

    @Bean
    public RestTemplate getRestTemplate(){
        return new RestTemplate();
    }
    @RequestMapping("/hi")
    public String callHome(){
        LOG.log(Level.INFO, "calling trace service-hi ");
        return restTemplate.getForObject("http://localhost:8989/miya",
String.class);
    }
    @RequestMapping("/info")
    public String info(){
        LOG.log(Level.INFO, "calling trace service-hi ");

        return "i'm service-hi";

    }
    @Bean
    public Sampler defaultSampler() {
        return Sampler.ALWAYS_SAMPLE;
    }


}
```

3. 创建 service-miya

该项目创建过程跟 service-hi 相同,引入相同的依赖,配置一下 spring.zipkin.base-url。对外暴露接口:

示例代码 14-3　ServiceMiyaApplication.java

```java
@SpringBootApplication
@RestController
public class ServiceMiyaApplication {
```

```java
    public static void main(String[] args) {
        SpringApplication.run(ServiceMiyaApplication.class, args);
    }
    private static final Logger LOG = 
Logger.getLogger(ServiceMiyaApplication.class.getName());
    @RequestMapping("/hi")
    public String home(){
        LOG.log(Level.INFO, "hi is being called");
        return "hi i'm miya!";
    }
    @RequestMapping("/miya")
    public String info(){
        LOG.log(Level.INFO, "info is being called");
        return 
restTemplate.getForObject("http://localhost:8988/info",String.class);
    }
    @Autowired
    private RestTemplate restTemplate;

    @Bean
    public RestTemplate getRestTemplate(){
        return new RestTemplate();
    }
    @Bean
    public Sampler defaultSampler() {
        return Sampler.ALWAYS_SAMPLE;
    }
}
```

4. 启动工程，演示追踪

依次启动上面的工程，打开浏览器访问 http://localhost:9411/，出现界面如图 14-3 所示。

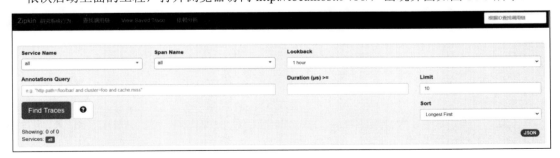

图 14-3

访问 http://localhost:8989/miya，浏览器界面出现：

```
i'm service-hi
```

再打开 http://localhost:9411/的界面，点击 Dependencies，可以发现服务的依赖关系如图 14-4 所示。

图 14-4

点击"查看调用链"，可以看到具体服务相互调用的数据。

第 15 章

Spring Cloud 综合实战

本章以微信订单后台功能为例,模拟从对业务进行微服务划分开始,然后通过运用 Spring Cloud 常用组件使项目微服务架构不断完善、优化的过程。主要从以下几个部分循序渐进地完成本项目开发,并对每个部分的环境搭建、设计分析、关键步骤和代码做详细阐述。

第一部分从商品服务功能、订单服务功能两大模块的开发入手,将两大业务模块做成两个独立的微服务模块,并注册到微服务中心 Eureka Server 中。

第二部分根据 Spring Cloud 中基于 Feign 的服务间的远程调用,实现订单模块对商品模块部分功能的访问,为了减少模块之间代码冗余,降低模块之间的耦合度,将项目改造为多模块结构,模块之间访问时通过引入 Maven 依赖实现。

第三部分根据 Spring Cloud 分布式配置的相关知识来配置 Git 仓库,方便存储项目的配置文件,使配置文件和项目文件分离,配置文件修改后不需要重启服务,请求刷新接口后即可直接生效。

第四部分将消息队列应用到订单服务模块和异步扣库存功能,采用 RabbitMQ 消息框架和 Spring Stream 来实现。

第五部分在 HTTP 请求到达微服务之前,设计基于 Spring Cloud Zuul 的网关,实现客户端访问多个微服务的统一入口,根据不同请求选择访问不同的微服务,并在访问微服务之前通过设置过滤器实现权限控制、API 监控等功能。

15.1 项目总体功能描述

1. 项目功能需求介绍

本章案例主要涉及微信后台下单系统的核心功能模块:商城后台商品服务、订单服务,具体需求如下。

(1) 商品服务

- 查询商品类别。
- 查询所有在架的商品。
- 商品库存更新，此功能涉及微服务间的调用。

(2) 订单服务

- 查询商品信息，根据用户订单中的商品 ID 查询商品列表，涉及微服务间的调用。
- 查询订单信息，这里是根据订单 ID 查询订单详细信息。
- 订单信息校验，主要检查买家提交订单中的必填项，如买家微信号、地址、姓名、手机号等，并校验其输入格式是否正常。
- 计算总价，根据订单项中的商品价格和购买数量，计算订单总价。
- 扣除库存，用户下单成功后，商品库存数量需要更新。此功能涉及微服务间调用和消息队列的使用。
- 订单入库，将完整的订单信息表保存到订单表，同时将跟订单对应的所有订单项保存到订单项表中，这里涉及事务管理。

2. 技术框架

本实战涉及的技术包括：Spring Cloud Greenwich 全家桶组件（Greenwich 版本是基于 Spring Boot 2.1.x 版本构建的）、Redis 缓存、消息队列 RabbitMQ、Spring Cloud Bus、Spring Cloud Stream。分布式配置存储使用 Git，项目管理工具采用 Maven。

15.2　商品微服务模块开发

总的业务逻辑包括：

(1) 查询所有在架的商品。
(2) 获取类目 type 列表。
(3) 查询类目。
(4) 构造数据。

> **说　明**
>
> 本节商品微服务最终项目代码参照 mrchiorder 项目的 product 模块，该模块最终版本分成 3 个子模块，分别是 product-client、product-common 和 product-server。

1. 基础环境搭建

首先搭建商品微服务的基本环境，因为需要对数据库中的商品进行操作，所以在 product 模块中导入 spring-data 和 mysql 依赖，代码参见 mrchiorder 项目 product 模块 server 子模块。

示例代码 15-1　pom.xml（文件中部分代码）

```xml
<dependency>
    <groupId>org.springframework.boot</groupId>
    <artifactId>spring-boot-starter-data-jpa</artifactId>
</dependency>
<dependency>
    <groupId>mysql</groupId>
    <artifactId>mysql-connector-java</artifactId>
</dependency>
```

其中 Spring Data JPA 可以理解为 JPA 规范的再次封装和抽象，底层还是使用了 Hibernate 的 JPA 技术实现，引用 JPQL（Java Persistence Query Language）查询语言，属于 Spring 整个生态体系的一部分。随着 Spring Boot 和 Spring Cloud 在市场上的流行，Spring Data JPA 也逐渐进入大家的视野，它们组成有机的整体，使用起来比较方便，加快了开发的效率，使开发者不需要关心和配置更多的东西，完全可以沉浸在 Spring 的完整生态标准实现下。JPA 上手简单，开发效率高，对对象的支持比较好，又有很大的灵活性，因此市场的认可度越来越高。

JPA 是 Java Persistence API 的简称，中文名为 Java 持久层 API，是 JDK 5.0 注解或 XML 描述对象-关系表的映射关系，并将运行期的实体对象持久化到数据库中。

JPA 包括以下 3 个方面的内容：

（1）一套 API 标准。在 javax.persistence 的包下面，用来操作实体对象，执行 CRUD 操作，框架在后台替代我们完成所有的事情，开发者可以从烦琐的 JDBC 和 SQL 代码中解脱出来。

（2）面向对象的查询语言：JPQL（Java Persistence QueryLanguage）。这是持久化操作中很重要的一个方面，通过面向对象、而非面向数据库的查询语言查询数据，避免程序与 SQL 语句紧密耦合。

（3）ORM（object/relational metadata）元数据的映射。JPA 支持 XML 和 JDK 5.0 注解两种元数据的形式，元数据描述对象和表之间的映射关系，框架据此将实体对象持久化到数据库表中。

基本的配置文件 application.yml 代码如下：

示例代码 15-2　application.yml（文件中部分代码）

```yaml
spring:
  application:
    name: product
  datasource:
    driver-class-name: com.mysql.jdbc.Driver
    username: root
    password: root
    url: jdbc:mysql://127.0.0.1:3306/mrchiorder?characterEncoding=utf-8&useSSL=false
  jpa:
    show-sql: true  # JPA方便调试
eureka:
  client:
```

```yaml
    service-url:
      defaultZone: http://localhost:8761/eureka
```

接下来开发商品的两个实体类，分别是商品类别类和商品信息类，并为实体类添加 JPA 注解，使实体类和数据库表相对应。商品类别类代码如下：

示例代码 15-3　ProductCategory.java

```java
@Data
@Entity
public class ProductCategory {
    @Id
    @GeneratedValue  // 自增
    private Integer categoryId;

    /** 类目名字. */
    private String categoryName;

    /** 类目编号. */
    private Integer categoryType;

    private Date createTime;

    private Date updateTime;
}
```

商品信息类代码如下：

示例代码 15-4　ProductInfo.java

```java
@Data
//@Table(name = "T_proxxx")
@Entity // 标明和数据库表对应的实体
public class ProductInfo {

    @Id
    private String productId;

    /** 名字. */
    private String productName;

    /** 单价. */
    private BigDecimal productPrice;

    /** 库存. */
    private Integer productStock;

    /** 描述. */
    private String productDescription;
```

```java
/** 小图. */
private String productIcon;

/** 状态, 0 正常, 1 下架. */
private Integer productStatus;

/** 类目编号. */
private Integer categoryType;

private Date createTime;

private Date updateTime;
}
```

2. 查询商品

然后实现查询类目和查询商品信息的 Repository,代码如下:

示例代码 15-5　ProductCategoryRepository.java 和 ProductInfoRepository.java

```java
public interface ProductCategoryRepository extends JpaRepository<ProductCategory, Integer> {

    List<ProductCategory> findByCategoryTypeIn(List<Integer> categoryTypeList);
}
// 第一个参数是实体, 第二个参数是主键的类型
public interface ProductInfoRepository extends JpaRepository<ProductInfo, String>
{

    List<ProductInfo> findByProductStatus(Integer productStatus);
}
```

然后是查询在架商品的 Service。服务实现类依赖 ProductInfoRepository,通过@Autowired 注解实现,代码如下:

示例代码 15-6　ProductService.java 和 ProductServiceImpl.java

```java
public interface ProductService {

    /**
     * 查询所有在架(up)商品
     */
    List<ProductInfo> findUpAll();
}
@Service
public class ProductServiceImpl implements ProductService{

    // Dao 层注入到 Service 层
```

```java
    @Autowired
    private ProductInfoRepository productInfoRepository;

    @Override
    public List<ProductInfo> findUpAll() {
        return productInfoRepository.findByProductStatus (ProductStatusEnum.UP.
getCode()); // 枚举，在架的状态
    }
}
```

这里的 JpaRepository 接口是 Spring Data 的一个核心接口，它不提供任何方法，开发者需要在自己定义的接口中声明需要的方法。

基础的 Repository 提供了最基本的数据访问功能，它的几个子接口则扩展了一些功能。它们的继承关系如下：

（1）Repository：仅仅是一个标识，表明任何继承它的类均为仓库接口类。
（2）CrudRepository：继承 Repository，实现了一组 CRUD 相关的方法。
（3）PagingAndSortingRepository：继承 CrudRepository，实现了一组分页排序相关的方法。
（4）JpaRepository：继承 PagingAndSortingRepository，实现了一组 JPA 规范相关的方法。

自定义的 Repository 需要继承 JpaRepository，这样自定义的 Repository 接口就具备了通用的数据访问控制层的能力，如 DAO 层的 productInfoRepository 接口。

下面定义了一个枚举 enum，用来存储商品的上下架状态：

示例代码 15-7　ProductStatusEnum.java

```java
/**
 * 商品上下架状态
 */
@Getter
public enum ProductStatusEnum {

    UP(0, "在架"),
    DOWN(1, "下架"),
    ;

    private Integer code;
    private String msg;

    ProductStatusEnum(Integer code, String msg) {
        this.code = code;
        this.msg = msg;
    }
}
```

3. 构造数据

将业务方法查到的数据以某种形式呈现出来,并在页面显示。VO 值对象通常用于业务层之间的数据传递,它和 PO 一样也是仅仅包含数据而已。但应是抽象出的业务对象,根据业务的需要可以和表对应,也可以不对应。

下面是返回到前端的 3 个 ViewObject,分别是 ResultVO(用来存储结果信息)、ProductVO(用来存储商品类别信息)、ProductInfoVO(商品信息),参考代码如下:

示例代码 15-8　3 个 VO 类

```java
/**
 * http 请求返回的最外层对象,第一层
 * @param <T>
 */
@Data
public class ResultVO<T> {
    /**
     * 错误码
     */
    private Integer code;

    /**
     * 提示信息
     */
    private String msg;

    private T data;
}
// http 请求返回的第二层对象 (就是类目)
@Data
public class ProductVO {

    @JsonProperty("name")   // 因为返回给前端又必须是 name,所以加上这个注解
    private String categoryName;

    @JsonProperty("type")
    private Integer categoryType;

    @JsonProperty("foods")
    List<ProductInfoVO> productInfoVOList;
}
// 第三层
@Data
public class ProductInfoVO {

    @JsonProperty("id")
```

```
    private String productId;

    @JsonProperty("name")
    private String productName;

    @JsonProperty("price")
    private BigDecimal productPrice;

    @JsonProperty("description")
    private String productDescription;

    @JsonProperty("icon")
    private String productIcon;
}
```

@JsonProperty 注解用于属性上,作用是把该属性的名称序列化为另外一个名称,如把 trueName 属性序列化为 name（@JsonProperty("name")）。@JsonProperty 不仅在序列化的时候有用,而且反序列化的时候也有用,比如有些接口返回的是 JSON 字符串,命名又不是标准的驼峰形式,在映射成对象的时候,将类的属性上加上@JsonProperty 注解,里面写上返回的 JSON 串对应的名字。

@Data 注解的主要作用是使代码更简洁,使用这个注解可以省去代码中大量的 get()、set()、toString()等方法。使用 @Data 注解需要先引入 lombok,这个 lombok 是一个工具类库,可以用简单的注解形式来简化代码,提高开发效率。

在 Maven 中添加依赖:

```xml
<dependency>
  <groupId>org.projectlombok</groupId>
  <artifactId>lombok</artifactId>
  <version>1.18.4</version>
  <scope>provided</scope>
</dependency>
```

在编译器中添加插件,这里以 IDEA 为例,在 setting 的 plugin 里搜索 lombok plugin,安装插件即可。

最后是查询在架商品的类目信息和商品基本信息,对应的 Controller 代码如下:

示例代码 15-9　ProductController.java

```java
@RestController
@RequestMapping("/product")
public class ProductController {
    @Autowired
    private CategoryService categoryService;
    @Autowired
    private ProductService productService;
    /**
     * 1、查询所有在架的商品
```

```java
 * 2、获取类目type列表
 * 3、查询类目
 * 4、构造数据
 */
@GetMapping("/list")
public ResultVO<ProductVO> list(){
    // 1、查询所有在架的商品
    List<ProductInfo> productInfoList = productService.findUpAll();
    // 2、获取类目type列表 (所有商品的类目列表)
    List<Integer> categoryTypeList = productInfoList.stream()
            .map(ProductInfo::getCategoryType)
            .collect(Collectors.toList());
    // 3、从数据库查询类目 -- > 查询到所有类目
    List<ProductCategory> categoryList = categoryService.findByCategoryTypeIn(categoryTypeList);
    // 4、构造数据
    List<ProductVO> productVOList = new ArrayList<>(); // 第二层的商品
    for(ProductCategory productCategory : categoryList){ // 遍历类目
        ProductVO productVo = new ProductVO();//外层的一个
        productVo.setCategoryName(productCategory.getCategoryName());
        productVo.setCategoryType(productCategory.getCategoryType());
        // 里面又是一个list -> 商品list
        List<ProductInfoVO> productInfoVoList = new ArrayList<>();
        for(ProductInfo productInfo : productInfoList){
            if(productInfo.getCategoryType().equals(productCategory.getCategoryType())) {
                ProductInfoVO productInfoVO = new ProductInfoVO();
                // source、target, 将source的属性复制到target中, 省略了5个setter方法
                BeanUtils.copyProperties(productInfo, productInfoVO);
                productInfoVoList.add(productInfoVO);
            }
        }
        productVo.setProductInfoVOList(productInfoVoList);
        productVOList.add(productVo);
    }
    // 最外层的 --> 返回
    ResultVO resultVO = new ResultVO();
    resultVO.setData(productVOList);
    resultVO.setCode(0);
    resultVO.setMsg("成功");
    return resultVO;
}
```

4. 商品部分测试和总结

首先启动 mrchiorder 项目中的 eureka 模块，该模块是注册中心模块，然后启动商品微服务 product 模块。注意，最终版本中该模块中可能有两个配置文件 bootstrap.yml 和 application.yml，由于本节不采用分布式配置方式，所以在本节中可以将 bootstrap.yml 改名或注释，采用 application.yml 进行测试即可。运行结果如图 15-1 所示。

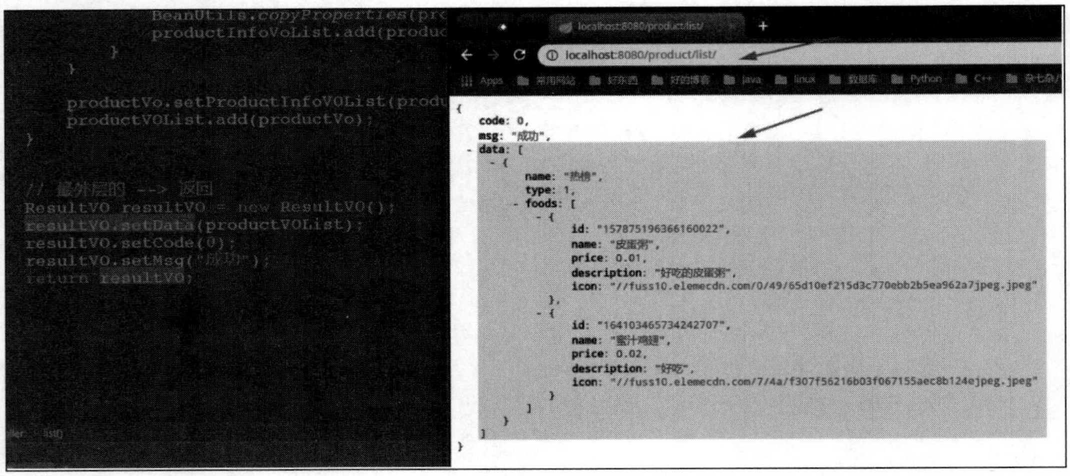

图 15-1

将上面返回的 ViewObject 封装成工具类：

示例代码 15-10　ResultVOUtil.java

```java
/**
 * 返回 ViesObject 的工具类
 */
public class ResultVOUtil {

    // 将返回做成了工具类
    public static ResultVO success(Object object){
        ResultVO resultVO = new ResultVO();
        resultVO.setData(object);
        resultVO.setCode(0);
        resultVO.setMsg("成功");
        return resultVO;
    }
}
```

然后把代码改成：

```java
@GetMapping("/list")
public ResultVO<ProductVO> list(){

    //… 省略中间代码
```

```
// 最外层的 --> 返回
return ResultVOUtil.success(productVOList); //包装成返回的工具类
}
```

至此，完成商品服务代码的编写，整体代码框架如图 15-2 所示。

图 15-2

15.3 订单微服务模块开发

本节的订单微服务最终项目代码参照 mrchiorder 项目中的 order 模块。
业务逻辑（这里用到了微服务）如下：

- 参数校验。
- 查询商品信息（需要调用远程服务 Feign）。
- 计算总价。
- 扣库存（调用商品服务）。
- 订单入库。

注意两张表 order_master 和 order_detail 的关系，两张表分别是订单和订单项。order_master 和 order_detail 是一对多的关系，且订单和订单项在与数据库进行更新操作时，需要将它们放到一个事务中，以保证业务的原子性。

1. 基础环境搭建

先来看一下基本 application.yml 配置,由于该模块与商品微服务是平行模块,所以配置文件没有区别,此处不再赘述。

开始编写实体类,先来看订单项类,即一个订单中某个商品的详细交易信息,代码如下:

示例代码 15-11　OrderDetail.java

```java
@Data
@Entity
public class OrderDetail {

    @Id
    private String detailId;

    /** 订单 id. */
    private String orderId;

    /** 商品 id. */
    private String productId;

    /** 商品名称. */
    private String productName;

    /** 商品单价. */
    private BigDecimal productPrice;

    /** 商品数量. */
    private Integer productQuantity;

    /** 商品小图. */
    private String productIcon;
}
```

商品订单主类代码如下:

示例代码 15-12　OrderMaster.java

```java
@Data
@Entity
public class OrderMaster {

    /** 订单 id. */
    @Id
    private String orderId;

    /** 买家名字. */
    private String buyerName;
```

```java
/** 买家手机号. */
private String buyerPhone;

/** 买家地址. */
private String buyerAddress;

/** 买家微信 Openid. */
private String buyerOpenid;

/** 订单总金额. */
private BigDecimal orderAmount;

/** 订单状态,默认为 0 新下单. */
private Integer orderStatus;

/** 支付状态,默认为 0 未支付. */
private Integer payStatus;

/** 创建时间. */
private Date createTime;

/** 更新时间. */
private Date updateTime;
}
```

2. 查询订单

然后是 DAO 层,该层的接口仍然继承 JpaRepository,拥有通用的增删改查的能力,开发中使用起来非常方便。DAO 层具体参考代码如下:

示例代码 15-13　OrderDetailRepository.java

```java
public interface OrderDetailRepository extends JpaRepository<OrderDetail, String>
{
    List<OrderDetail> findByOrderId(String orderId);
}
// 里面方法不需要写,直接调用已有方法即可
public interface OrderMasterRepository extends JpaRepository<OrderMaster, String>
{
}
```

测试 OrderMasterRepository,效果如图 15-3 所示。

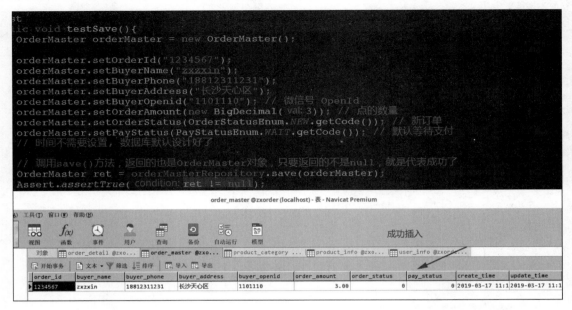

图 15-3

测试二，效果如图 15-4 所示。

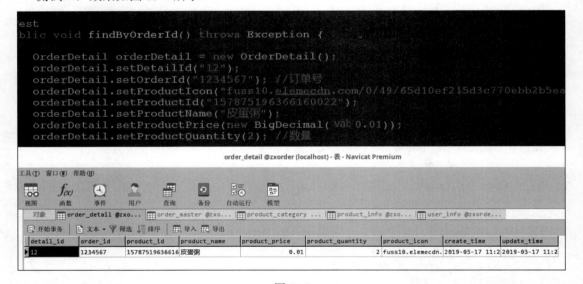

图 15-4

这里用到的几个枚举类，说明如下。

订单状态是指用户成功提交的订单的各个环节情况，不同系统订单状态可能会有不同。这里分为 3 种：新订单、已完成、已取消。新订单：订单成功提交但未付款的订单状态；已完成：交易成功的订单状态；已取消：订单成功提交，但 7 天内未付款的订单状态。另外支付有等待支付和支付成功两种状态，并根据系统可能出现的异常情况定义返回错误消息状态。

订单状态枚举类代码如下：

示例代码 15-14　OrderStatusEnum.java

```java
/**
 * 订单状态
 */
@Getter
public enum OrderStatusEnum {
    NEW(0, "新订单"),
    FINISHED(1, "完结"),
    CANCEL(2, "取消"),
    ;
    private Integer code;

    private String message;

    OrderStatusEnum(Integer code, String message) {
        this.code = code;
        this.message = message;
    }
}
/**
 * 支付状态
 */
@Getter
public enum PayStatusEnum {
    WAIT(0, "等待支付"),
    SUCCESS(1, "支付成功"),
    ;
    private Integer code;

    private String message;

    PayStatusEnum(Integer code, String message) {
        this.code = code;
        this.message = message;
    }
}
/**
 * 返回结果的状态
 */
@Getter
public enum ResultEnum {
    PARAM_ERROR(1, "参数错误"),
    CART_EMPTY(2, "购物车为空"),
    ORDER_NOT_EXIST(3, "订单不存在"),
    ORDER_STATUS_ERROR(4, "订单状态错误"),
    ORDER_DETAIL_NOT_EXIST(5, "订单详情不存在"),
```

```
    private Integer code;
    private String message;
    ResultEnum(Integer code, String message) {
        this.code = code;
        this.message = message;
    }
}
```

3. 数据传输对象 DTO

表现层与应用层之间是通过数据传输对象（DTO）进行交互的。数据传输对象是没有行为的 POCO 对象，它的目的只是为了对领域对象进行数据封装，实现层与层之间的数据传递。为何不能直接将领域对象用于数据传递？因为领域对象更注重领域，而 DTO 更注重数据。不仅如此，由于"富领域模型"的特点，这样做会直接将领域对象的行为暴露给表现层。

需要了解的是，数据传输对象 DTO 本身并不是业务对象。数据传输对象是根据 UI 的需求进行设计的，而不是根据领域对象进行设计的。比如，Customer 领域对象可能会包含一些诸如 FirstName、LastName、Email、Address 等信息。但如果 UI 上不打算显示 Address 的信息，那么 Customer DTO 中也无须包含这个 Address 的数据。

简单来说，Model 面向业务，我们通过业务来定义 Model。而 DTO 是面向界面 UI，是根据 UI 的需求来定义的。通过 DTO，我们实现了表现层与 Model 之间的解耦，表现层不引用 Model，如果开发过程中我们的模型改变了，而界面没变，我们只需要修改 Model，而不需要去修改表现层中的东西。

然后就是订单业务的 Service，这里由于需要 OrderMaster 和 OrderDetail，但是又不匹配，所以我们先写一个 DTO。

注意到 OrderDTO 最后一行有一个 OrderDetail 的 List，相当于 OrderMaster 和 OrderDetail 一对多，这样 OrderMaster 里面就有多个 OrderDetail。OrderDTO 代码如下：

示例代码 15-15　OrderDTO.java

```
@Data
public class OrderDTO {
    /** 订单id. */
    private String orderId;
    /** 买家名字. */
    private String buyerName;
    /** 买家手机号. */
    private String buyerPhone;
    /** 买家地址. */
    private String buyerAddress;
    /** 买家微信Openid. */
    private String buyerOpenid;
    /** 订单总金额. */
    private BigDecimal orderAmount;
    /** 订单状态,默认为0新下单. */
    private Integer orderStatus;
```

```java
/** 支付状态，默认为0未支付. */
private Integer payStatus;
// 这个就是转换的，OrderMaster 中有多个 OrderDetail
private List<OrderDetail> orderDetailList;
}
```

其实，数据传输对象（Data Transfer Object，DTO）是一种设计模式之间传输数据的软件应用系统。数据传输目标往往是数据访问对象从数据库中检索出来的数据。数据传输对象与数据交互对象或数据访问对象之间的差异是数据传输对象本身只有存储和检索的功能，而没有任何其他行为方法。

然后就是定义订单服务接口和实现类，分别是 Service 和 ServiceImpl：

```java
public interface OrderService {

    // 这个就是创建订单
    OrderDTO create(OrderDTO orderDTO);

}
```

这个 Service 重点开发了创建订单的方法，代码如下：

示例代码 15-16　OrderServiceImpl.java

```java
@Service
public class OrderServiceImpl implements OrderService {

    // 这里需要注入两个 Repository

    @Autowired
    private OrderDetailRepository orderDetailRepository;
    @Autowired
    private OrderMasterRepository orderMasterRepository;

    @Override
    public OrderDTO create(OrderDTO orderDTO) {

        /**
         *
         TODO 2、查询商品信息 (需要调用远程服务 Feign);
         TODO 3、计算总价;
         TODO 4、扣库存(调用商品服务);
         5、订单入库;    (这个可以做)
         */
        // 5、订单入库 (OrderMaster)
        OrderMaster orderMaster = new OrderMaster();
        orderDTO.setOrderId(KeyUtil.generateUniqueKey()); // 生成唯一的订单(订单号)
        BeanUtils.copyProperties(orderDTO, orderMaster); // 将 orderDTO 复制到 orderMaster
        orderMaster.setOrderAmount(new BigDecimal(5));
```

```
        orderMaster.setOrderStatus(OrderStatusEnum.NEW.getCode());
        orderMaster.setPayStatus(PayStatusEnum.WAIT.getCode());
        orderMasterRepository.save(orderMaster);
        return orderDTO;
    }
}
```

这里用到了一个生成 key（主键）的工具：

```
public class KeyUtil {

    /**
     * 生成唯一的主键
     * 格式：时间戳 + 随机数
     */
    public static synchronized String generateUniqueKey(){
        // 这里只是模拟唯一，不能降低到 100%的唯一
        Random rnd = new Random();
        Integer num = rnd.nextInt(900000) + 100000;
        return System.currentTimeMillis() + String.valueOf(num); // 生成一个随机的串
    }
}
```

4. 数据校验和 Controller 编写

然后就是 Controller 的编写。因为我们需要进行参数校验，所以写了一个从前端传过来数据的类（在 form 包下）。

这里进行了数据校验：

示例代码 15-17　OrderForm.java

```
/**
 * 前端 API 传递过来的参数
 */
@Data
public class OrderForm {

    // 传递过来的参数，注意这里有表单验证
    /**
     * 买家姓名
     */
    @NotEmpty(message = "姓名必填")
    private String name;

    /**
     * 买家手机号
     */
```

```java
    @NotEmpty(message = "手机号必填")
    private String phone;

    /**
     * 买家地址
     */
    @NotEmpty(message = "地址必填")
    private String address;

    /**
     * 买家微信 openid
     */
    @NotEmpty(message = "openid必填")
    private String openid;

    /**
     * 购物车,这里本来传递给我的是一个 String,但是也是一个字符串,先拿到一个字符串,然后再做处理
     */
    @NotEmpty(message = "购物车不能为空")
    private String items;
}
```

如果校验有误,我们抛出一个 OrderException:

```java
/**
 * 订单异常
 */
public class OrderException extends RuntimeException{

    private Integer code; //异常类型

    public OrderException(Integer code, String message){
        super(message);
        this.code = code;
    }

    public OrderException(ResultEnum resultEnum){
        super(resultEnum.getMessage());
        this.code = resultEnum.getCode();
    }
}
```

在这个数据校验过程中,我们要将前台传过来的 OrderForm 转换成服务层方法需要的 OrderDTO 对象,为此我们写了一个 Converter(转化器),目的是将 orderForm 转换成 orderDTO,这样就可以调用 orderservice 了。转化器对应代码如下:

示例代码 15-18　OrderForm2OrderDTOConverter.java

```java
@Slf4j
public class OrderForm2OrderDTOConverter {

    public static OrderDTO convert(OrderForm orderForm){
        Gson gson = new Gson();
        OrderDTO orderDTO = new OrderDTO();
        orderDTO.setBuyerName(orderForm.getName());
        orderDTO.setBuyerPhone(orderForm.getPhone());
        orderDTO.setBuyerAddress(orderForm.getAddress());
        orderDTO.setBuyerOpenid(orderForm.getOpenid());

        List<OrderDetail> orderDetailList = new ArrayList<>(); //保存的
        try {
            orderDetailList = gson.fromJson(orderForm.getItems(),
                    new TypeToken<List<OrderDetail>>() {
                    }.getType());
        } catch (Exception e) {
            log.error("【JSON 转换】错误, string={}", orderForm.getItems());
            throw new OrderException(ResultEnum.PARAM_ERROR);   //参数错误
        }

        orderDTO.setOrderDetailList(orderDetailList);
        return orderDTO;
    }
}
```

这样，我们的 Controller 就可以调用 Service 了，Controller 代码如下：

示例代码 15-19　OrderController.java

```java
@RestController
@RequestMapping("/order")
@Slf4j
public class OrderController {

    @Autowired
    private OrderService orderService;

    /**
     * 下单步骤
     *   1、参数校验；
     *   2、查询商品信息 (需要调用远程服务 Feign)；
     *   3、计算总价；
     *   4、扣库存(调用商品服务)；
     *   5、订单入库；
```

```java
     */
    @PostMapping("/create")
    public ResultVO<Map<String, String>> create(@Valid OrderForm orderForm,
                                                BindingResult bindingResult){

        // 参数绑定有误
        if(bindingResult.hasErrors()) {
            log.error("【创建订单】参数不正确, orderForm={}", orderForm);
            throw new OrderException(ResultEnum.PARAM_ERROR.getCode(),
                    bindingResult.getFieldError().getDefaultMessage());   // 获取到
@NotEmpty(message = "姓名必填")的错误信息
        }

        // orderForm -> orderDTO 将 orderForm 转换成 orderDTO，这样就可以调用 service 了
        // 调用转换器
        OrderDTO orderDTO = OrderForm2OrderDTOConverter.convert(orderForm);

        //还需要再判断一次是不是为空
        if(CollectionUtils.isEmpty(orderDTO.getOrderDetailList())){
            log.error("【创建订单】购物车为空!");
            throw new OrderException(ResultEnum.CART_EMPTY);
        }
        // 创建订单
        OrderDTO result = orderService.create(orderDTO);
        // 返回的结果
        HashMap<String, String> map = new HashMap<>();
        map.put("orderId", result.getOrderId());
        return ResultVOUtil.success(map);
    }
}
```

这个过程也用到了和 product 微服务一样的两个返回结果处理类：

```java
@Data
public class ResultVO<T> {
    private Integer code;

    private String msg;

    private T data;
}
public class ResultVOUtil {

    public static ResultVO success(Object object) {
        ResultVO resultVO = new ResultVO();
        resultVO.setCode(0);
```

```java
        resultVO.setMsg("成功");
        resultVO.setData(object);
        return resultVO;
    }
}
```

以及一个枚举类：

```java
/**
 * 返回结果的状态
 */
@Getter
public enum ResultEnum {
    PARAM_ERROR(1, "参数错误"),
    CART_EMPTY(2, "购物车为空"),
    ORDER_NOT_EXIST(3, "订单不存在"),
    ORDER_STATUS_ERROR(4, "订单状态错误"),
    ORDER_DETAIL_NOT_EXIST(5, "订单详情不存在"),
    private Integer code;
    private String message;
    ResultEnum(Integer code, String message) {
        this.code = code;
        this.message = message;
    }
}
```

5. 订单部分测试和总结

在 8081 端口启动订单微服务，显示效果如图 15-5 所示。

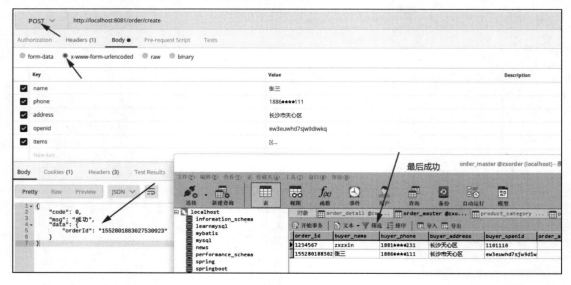

图 15-5

也看一下这一部分（订单微服务）的代码框架，如图 15-6 所示。

图 15-6

总结一下前面使用的服务拆分方法：

- 每个微服务都有单独的数据存储。
- 依据服务特点选择不同结构的数据库类型（MongoDB、MySQL、ElasticSearch）。
- 难点在确定边界。
- 针对边界设计 API。
- 依据边界权衡数据冗余。

15.4 微服务间通信开发

微服务之间有两种比较典型的通信方式：HTTP 和 RPC。

- HTTP 的典型代表是：Spring Cloud。
- RPC 的典型代表是：Dubbo。

下面介绍在 Spring Cloud 中服务间的两种调用方式：RestTemplate 与 Feign。

这里使用 Feign 远程调用为例进行讲解。

1. 完成从 order 服务到 product 服务查询商品的远程调用

下面利用 Feign 实现在订单 order 服务中调用 product 服务的过程。

注意这个过程的调用位置，如图 15-7 所示。

图 15-7

这里 order 服务需要调用商品服务 product 来查询商品信息，即传过去 productId。于是我们在 product 服务的 Controller 中添加一个专门查询商品，且是专门给订单服务 order 用的方法。

先看 product 这边的改变（参照 product 模块）。首先编写 DAO 层的方法。

注意只看下面新增的方法：

示例代码 15-20　ProductInfoRepository.java

```java
// 第一个参数是实体，第二个参数是主键的类型
public interface ProductInfoRepository extends JpaRepository<ProductInfo, String>
{
    List<ProductInfo> findByProductStatus(Integer productStatus);
```

```
    // 后来为订单服务重新写的
    List<ProductInfo> findByProductIdIn(List<String> productIdList);
}
```

然后 Service 层也加了对应的方法：

示例代码 15-21　ProductServiceImpl.java

```
@Service
public class ProductServiceImpl implements ProductService{

    // DAO 层注入到 Service 层
    @Autowired
    private ProductInfoRepository productInfoRepository;

    // 后来加的
    @Override
    public List<ProductInfo> findList(List<String> productIdList) {
        return productInfoRepository.findByProductIdIn(productIdList);
    }
}
```

最后在 product 服务的 Controller 中增加方法，完成根据商品 id 列表查询所有商品列表的功能：

示例代码 15-22　ProductController.java（文件中部分代码）

```
/**
 * 获取商品列表(专门给订单服务用的)
 * @param productIdList
 * @return
 */
@GetMapping("listForOrder")
public List<ProductInfo> listForOrder(List<String>productIdList){
    return productService.findList(productIdList);
}
```

中间对 DAO 层做个测试，测试查询 ProductInfoRepository 中新写的方法 findByProductIdIn()，效果如图 15-8 所示。

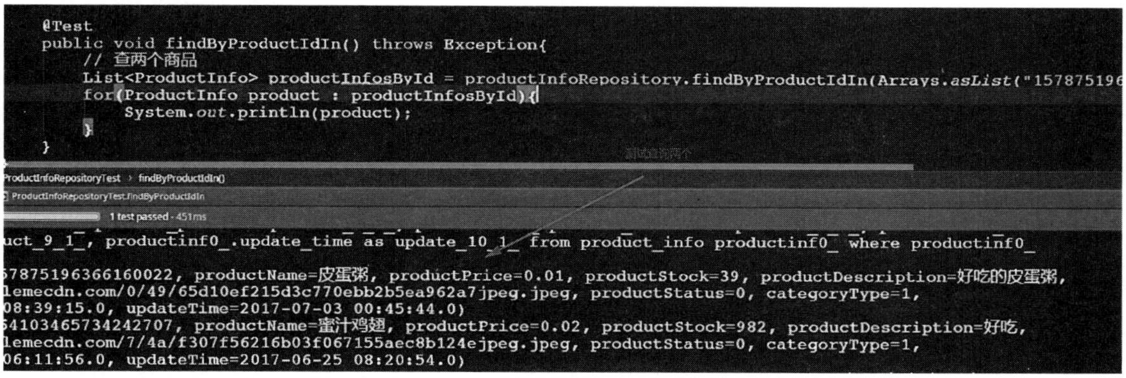

图 15-8

下面在 order 服务中调用 product 服务提供的服务,这里修改的是项目的 order 模块部分代码。只需要利用 Feign 来远程调用即可,这里开发的 ProductClient 接口代码如下:

示例代码 15-23　ProductClient.java(文件中部分代码)

```java
// Feign 的配置,底层使用的是动态代理,远程调用
@FeignClient(value = "product")
public interface ProductClient {
//    @GetMapping("/product/listForOrder") // 切记,不能用 GetMapping,因为 RequestBody 不能用 GetMapping
    @PostMapping("/product/listForOrder")  // 注意不要忘记 product 前缀
    List<ProductInfo> listForOrder(@RequestBody List<String>productIdList); // 用 RequestParam 就可以用 GetMapping
}
```

注意加/product 前缀。由于使用了@RequestBody,所以只能使用 PostMapping。

注意 order 服务要使用 ProductInfo,所以在 order 服务这边也要复制一份 ProductInfo。

2. 扣库存(远程调用)

由于扣库存操作需要传入一个 list,且里面有 id 和 count(商品 ID 和数量),所以我们又定义了一个 DTO 如下:

示例代码 15-24　CartDTO.java(文件中部分代码)

```java
// 订单服务调用商品服务扣库存的传入的 JSON 的一个数据转换 DTO
@Data
public class CartDTO {

    /**
     * 商品 ID
     */
    private String productId;

    /**
     * 商品数量
     */
    private Integer productQuantity;
    public CartDTO() {
    }
    public CartDTO(String productId, Integer productQuantity) {
        this.productId = productId;
        this.productQuantity = productQuantity;
    }
}
```

先在 Product 服务的 ProductService 中操作:

第 15 章 Spring Cloud 综合实战 | 219

示例代码 15-25　ProductServiceImpl.java（文件中部分代码）

```java
@Service
public class ProductServiceImpl implements ProductService{
    // 后来加的，用于扣库存
    @Override
    @Transactional // 由于是list，进行事务处理
    public void decreaseStock(List<CartDTO> cartDTOList) {

        for(CartDTO cartDTO : cartDTOList){
            Optional<ProductInfo> productInfoOptional =
productInfoRepository.findById(cartDTO.getProductId());
            //判断商品是否存在
            if(!productInfoOptional.isPresent()){ //如果商品不存在，则抛出一个异常
                throw new ProductException(ResultEnum.PRODUCT_NOT_EXIST);
            }
            // 如果商品存在，还需要判断一下数量
            ProductInfo productInfo = productInfoOptional.get();
            Integer result = productInfo.getProductStock() -
cartDTO.getProductQuantity();
            if(result < 0) { //库存不够
                throw new ProductException(ResultEnum.PRODUCT_STOCK_ERROR);
            }

            productInfo.setProductStock(result);
            /**
             * JpaRepository 的 save(product)方法做更新操作，更新商品的库存和价格，所以入
参的 product 只设置了商品的库存和价格，结果调用完 save 方法后，除了库存和价格的数据变了，其他字
段全部被更新成了 null
             */
            productInfoRepository.save(productInfo); // 保存更新
        }
    }
}
```

> **注　意**
>
> 在 ProductServiceImple 的 decreaseStock 中，我们还进行了事务处理（@Transactional）。

这里用到一个 ProductException 和一个枚举：

```java
// 处理库存不够等异常
import com.mrchi.product.enums.ResultEnum;

public class ProductException extends RuntimeException {

    private Integer code;
```

```java
    public ProductException(Integer code, String message){
        super(message);
        this.code = code;
    }

    public ProductException(ResultEnum resultEnum){
        super(resultEnum.getMessage());
        this.code = resultEnum.getCode();
    }
}
@Getter
public enum ResultEnum {

    PRODUCT_NOT_EXIST(1, "商品不存在"),
    PRODUCT_STOCK_ERROR(2, "库存有误"),
    ;

    private Integer code;

    private String message;

    ResultEnum(Integer code, String message) {
        this.code = code;
        this.message = message;
    }
}
```

最后在 ProductController 中加上我们提供给 order 调用的代码：

示例代码 15-26　ProductController.java（文件中部分代码）

```java
@RestController
@RequestMapping("/product")
public class ProductController {

    @Autowired
    private CategoryService categoryService;

    @Autowired
    private ProductService productService;

    // 扣库存(供 order 调用)
    @PostMapping("/decreaseStock")
    public void decreaseStock(@RequestBody List<CartDTO> cartDTOList){
        productService.decreaseStock(cartDTOList);
    }
```

}

然后就是在 order 这边调用扣库存的代码了,也是用了 Feign。具体调用 Product 提供的扣库存 decreaseStock 代码如下:

示例代码 15-27　ProductClient.java(文件中部分代码)

```java
// Feign 的配置底层使用的是动态代理,远程调用
@FeignClient(value="product")
public interface ProductClient {

    @PostMapping("/product/listForOrder")  // 注意不要忘记 Product 前缀
    List<ProductInfo> listForOrder(@RequestBody List<String>productIdList); // 用
RequestParam 就可以用 GetMapping


    @PostMapping("/product/decreaseStock")
    void decreaseStock(@RequestBody List<CartDTO> cartDTOList);
}
```

相应地在 order 这边也要有一个 CartDTO。

3. 整合接口,打通下单流程

最后我们在 order 的 OrderServiceImpl 中完成所有的流程,包括:

- 查询商品信息。
- 计算总价。
- 存入库存。
- 订单入库。

最终完成订单服务类,包括生成订单和减少库存两个部分,代码如下:

示例代码 15-28　OrderServiceImpl.java(文件中部分代码)

```java
@Service
public class OrderServiceImpl implements OrderService {

    // 这里需要注入两个 Repository

    @Autowired
    private OrderDetailRepository orderDetailRepository;
    @Autowired
    private OrderMasterRepository orderMasterRepository;

    @Autowired
    private ProductClient productClient; // 需要远程调用

    @Override
```

```java
    public OrderDTO create(OrderDTO orderDTO) {

        /**
         *
         * 2、查询商品信息 (需要调用远程服务 Feign);
         * 3、计算总价;
         * 4、扣库存(调用商品服务);
         * 5、订单入库(这个可以做)。
         */
        String orderId = KeyUtil.generateUniqueKey();
        // 2、查询商品信息 (需要调用远程服务 Feign);
        List<String> productIdList = orderDTO.getOrderDetailList().stream()
                .map(OrderDetail::getProductId)
                .collect(Collectors.toList());
        List<ProductInfo> productInfoList =
productClient.listForOrder(productIdList);//需要传递 ProductId<List>
        // 3、计算总价;
        BigDecimal orderAmount = new BigDecimal(BigInteger.ZERO);
        for(OrderDetail orderDetail : orderDTO.getOrderDetailList()){
            // 和查询到的商品的单价
            for(ProductInfo productInfo : productInfoList){
                // 判断相等才计算
if(productInfo.getProductId().equals(orderDetail.getProductId())){
                // 单价 productInfo.getProductPrice()
                // 数量 orderDetail.getProductQuantity(
                orderAmount = productInfo.getProductPrice()
                        .multiply(new
BigDecimal(orderDetail.getProductQuantity()))
                        .add(orderAmount);

                //给订单详情赋值
                BeanUtils.copyProperties(productInfo, orderDetail); //这种复制要
注意值为 null 也会复制
                orderDetail.setOrderId(orderId);
                orderDetail.setDetailId(KeyUtil.generateUniqueKey()); // 每个
Detail 的 Id

                // 订单详情入库
                orderDetailRepository.save(orderDetail);
            }
        }
    }

    // 4、扣库存(调用商品服务);
    List<CartDTO> cartDTOList = orderDTO.getOrderDetailList().stream()
```

```
            .map(e -> new CartDTO(e.getProductId(), e.getProductQuantity()))
            .collect(Collectors.toList());
    productClient.decreaseStock(cartDTOList); //订单主库入库了

    // 5、订单入库 (OrderMaster)
    OrderMaster orderMaster = new OrderMaster();
    orderDTO.setOrderId(orderId); // 生成唯一的订单 (订单号)
    BeanUtils.copyProperties(orderDTO, orderMaster); // 将 orderDTO 复制到 orderMaster
    orderMaster.setOrderAmount(orderAmount); // 设置订单总金额
    orderMaster.setOrderStatus(OrderStatusEnum.NEW.getCode());
    orderMaster.setPayStatus(PayStatusEnum.WAIT.getCode());

    orderMasterRepository.save(orderMaster); //存在主仓库
    return orderDTO;
    }
}
```

更改前，如图 15-9 所示。

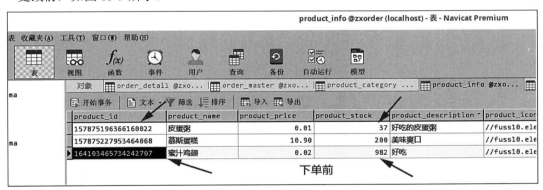

图 15-9

然后使用 Postman 对 order（8081 端口）发送/order/create 请求，调用效果如图 15-10 所示。

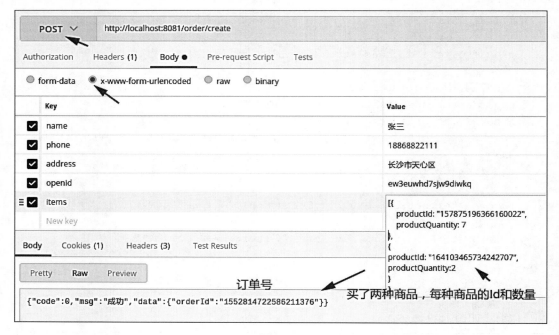

图 15-10

最后数据库的变化如图 15-11 所示。

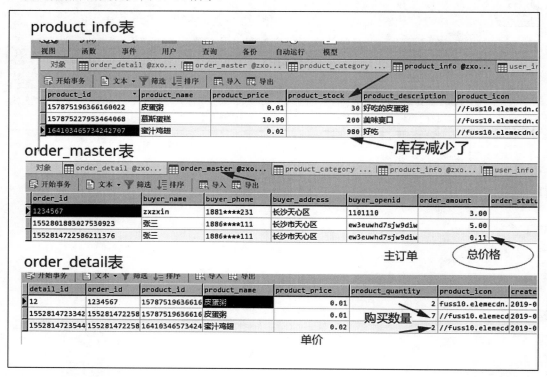

图 15-11

15.5 商品、订单微服务的多模块改造

1. 改成多模块原因

前面虽然完成了商品模块和订单模块的代码，但是代码存在如下的问题：

- 实体类 ProductInfo 暴露给了 order，实际中这样是不可以的。
- 我们在 order 服务中重复写了一份 ProductInfo 的代码，这也是冗余代码。
- 我们的远程调用是自己在 order 这边写了一个 ProductClient，这样不合理，因为两个服务要解耦，就不应该在 order 定义 Product 的服务，也就是不能将对方的服务定义到自己的服务中，应该将 ProductClient 定义到商品服务中。

2. 改成多模块后的整体框架

先给出我们重构后的整体依赖，如图 15-12 所示。

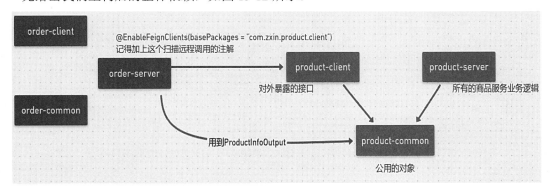

图 15-12

3. product 相关依赖和代码改变

首先把 product 的总 pom 文件改成 pom 类型，并定义相关的版本和子模块。注意打包方式改成 pom。

示例代码 15-29　product 模块的 pom.xml

```xml
<?xml version="1.0" encoding="UTF-8"?>
<project xmlns="http://maven.apache.org/POM/4.0.0"
xmlns:xsi="http://www.w3.org/2001/XMLSchema-instance"
     xsi:schemaLocation="http://maven.apache.org/POM/4.0.0 http://maven.apache.org/xsd/maven-4.0.0.xsd">
    <modelVersion>4.0.0</modelVersion>
    <groupId>com.mrchi</groupId>
    <artifactId>product</artifactId>
    <version>0.0.1-SNAPSHOT</version>
    <modules>
```

```xml
        <module>common</module>
        <module>server</module>
        <module>client</module>
    </modules>

    <name>product</name>
    <packaging>pom</packaging> <!--注意打包方式-->

    <description>Demo project for Spring Boot</description>

    <parent>
        <groupId>org.springframework.boot</groupId>
        <artifactId>spring-boot-starter-parent</artifactId>
        <version>2.1.3.RELEASE</version>
        <relativePath/> <!-- lookup parent from repository -->
    </parent>

    <properties>
        <project.build.sourceEncoding>UTF-8</project.build.sourceEncoding>

        <project.reporting.outputEncoding>UTF-8</project.reporting.outputEncoding>
        <java.version>1.8</java.version>
        <spring-cloud.version>Greenwich.SR1</spring-cloud.version>

        <product-common.version>0.0.1-SNAPSHOT</product-common.version>

    </properties>

    <dependencyManagement>
        <dependencies>
            <dependency>
                <groupId>org.springframework.cloud</groupId>
                <artifactId>spring-cloud-dependencies</artifactId>
                <version>${spring-cloud.version}</version>
                <type>pom</type>
                <scope>import</scope>
            </dependency>

            <dependency>
                <groupId>com.mrchi</groupId>
                <artifactId>product-common</artifactId>
                <version>${product-common.version}</version>
            </dependency>
        </dependencies>
    </dependencyManagement>
```

```
</project>
```

然后是在 product-server 的 pom 中要把 parent 改成 product：

```xml
<parent>
    <artifactId>product</artifactId>
    <groupId>com.mrchi</groupId>
    <version>0.0.1-SNAPSHOT</version>
</parent>
<modelVersion>4.0.0</modelVersion>
<artifactId>product-server</artifactId>
<description>Demo project for Spring Boot</description>
```

其他的 pom 文件更改也是类似。

接着就是我们在 product-common 中增加了两个暴露给外界的类：DecreaseStockInput 和 ProductInfoOutput。这个 DecreaseStockInput 类和 CartDTO 是一样的，代码如下：

示例代码 15-30　DecreaseStockInput.java

```java
@Data
public class DecreaseStockInput {

    private String productId;

    private Integer productQuantity;

    public DecreaseStockInput() {
    }

    public DecreaseStockInput(String productId, Integer productQuantity) {
        this.productId = productId;
        this.productQuantity = productQuantity;
    }
}
```

下面这个 ProductInfoOutput 类和 ProductInfo 也是一样的，代码如下：

示例代码 15-31　ProductInfoOutput.java

```java
@Data
public class ProductInfoOutput {

    private String productId;

    /** 名字. */
    private String productName;

    /** 单价. */
    private BigDecimal productPrice;
```

```java
    /** 库存. */
    private Integer productStock;

    /** 描述. */
    private String productDescription;

    /** 小图. */
    private String productIcon;

    /** 状态，0正常，1下架. */
    private Integer productStatus;

    /** 类目编号. */
    private Integer categoryType;
}
```

注意需要更改的类和方法：

- ProductService。
- ProductServiceImpl。
- Controller 中暴露给 order 的两个方法。

ProductService 代码如下：

示例代码 15-32　ProductService.java

```java
public interface ProductService {

    /**
     * 查询所有在架(up)商品
     */
    List<ProductInfo> findUpAll();


    /**
     * 查询商品列表
     * @param productIdList
     * @return
     */
    List<ProductInfoOutput> findList(List<String> productIdList);

    /**
     * 扣库存
     * @param decreaseStockInputList
     */
    void decreaseStock(List<DecreaseStockInput> decreaseStockInputList);
}
```

ProductService 实现类代码如下:

示例代码 15-33   ProductServiceImpl.java

```java
@Service
public class ProductServiceImpl implements ProductService{

    // DAO 层注入到 Service 层
    @Autowired
    private ProductInfoRepository productInfoRepository;

    @Override
    public List<ProductInfo> findUpAll() {
        return productInfoRepository.findByProductStatus(ProductStatusEnum.UP.getCode()); //枚举,在架的状态
    }

    // 后来加的,再后来改成了多模块
    @Override
    public List<ProductInfoOutput> findList(List<String> productIdList) {
        // 改写之前的代码
//        return productInfoRepository.findByProductIdIn(productIdList);
        // 多模块之后的,将 List<ProductInfo>转换成 ProductInfoOutput
        return productInfoRepository.findByProductIdIn(productIdList).stream()
                .map(e -> {
                    ProductInfoOutput output = new ProductInfoOutput();
                    BeanUtils.copyProperties(e, output);
                    return output;
                })
                .collect(Collectors.toList());
    }

    // 后来加的,扣库存的
    @Override
    public void decreaseStock(List<DecreaseStockInput> decreaseStockInputList) {

        // 改写之前代码
//
//        for(CartDTO cartDTO : cartDTOList){
//            Optional<ProductInfo> productInfoOptional = productInfoRepository.findById(cartDTO.getProductId());
//            //判断商品是否存在
//            if(!productInfoOptional.isPresent()){  //如果商品不存在,则抛出一个异常
//                throw new ProductException(ResultEnum.PRODUCT_NOT_EXIST);
//            }
//            // 如果商品存在,还需要判断一下数量
```

```java
//            ProductInfo productInfo = productInfoOptional.get();
//            Integer result = productInfo.getProductStock() - cartDTO.getProductQuantity();
//            if(result < 0) { //库存不够
//                throw new ProductException(ResultEnum.PRODUCT_STOCK_ERROR);
//            }
//
//            productInfo.setProductStock(result);
//            /**
//             * 网上看到一个问题,但我这里应该没有问题
//             * JpaRepository 的 save(product) 方法做更新操作,更新商品的库存和价格,所以入参的 product 只设置了商品的库存和价格,结果调用完 save 方法后,除了库存和价格的数据变了,其他字段全部被更新成了 null
//             */
//            productInfoRepository.save(productInfo); // 保存更新
//        }

        decreaseStockProcess(decreaseStockInputList);
    }



    @Transactional
    public List<ProductInfo> decreaseStockProcess(List<DecreaseStockInput> decreaseStockInputList) {
        List<ProductInfo> productInfoList = new ArrayList<>();

        for (DecreaseStockInput decreaseStockInput: decreaseStockInputList) {
            Optional<ProductInfo> productInfoOptional = productInfoRepository.findById(decreaseStockInput.getProductId());
            //判断商品是否存在
            if (!productInfoOptional.isPresent()){
                throw new ProductException(ResultEnum.PRODUCT_NOT_EXIST);
            }

            ProductInfo productInfo = productInfoOptional.get();
            //库存是否足够
            Integer result = productInfo.getProductStock() - decreaseStockInput.getProductQuantity();
            if (result < 0) {
                throw new ProductException(ResultEnum.PRODUCT_STOCK_ERROR);
            }

            productInfo.setProductStock(result);
            productInfoRepository.save(productInfo);

            productInfoList.add(productInfo);
```

```
        }
        return productInfoList;
    }
}
/**
 * 获取商品列表（专门给订单服务用的）
 *
 * 注意这里的 @RequestBody 的用法参考：
 * https://blog.csdn.net/justry_deng/article/details/80972817
 * @param productIdList
 * @return
 */
//  @GetMapping("/listForOrder") // 切记不要用 GetMapping
    @PostMapping("/listForOrder")
    public List<ProductInfoOutput> listForOrder(@RequestBody
List<String>productIdList){ // 注意这里的@RequestBody 的用法
        return productService.findList(productIdList);
    }

    // 扣库存(供 order 调用)
    @PostMapping("/decreaseStock")
    public void decreaseStock(@RequestBody List<DecreaseStockInput>
decreaseStockInputList) {
        productService.decreaseStock(decreaseStockInputList);
    }
```

最后，我们还要在 product-client 中添加一个 FeignClient 供 order 远程调用，代码如下：

示例代码 15-34　ProductClient.java（改造后更适合订单微服务调用）

```
@FeignClient(name = "product", fallback =
ProductClient.ProductClientFallback.class)
public interface ProductClient {

    @PostMapping("/product/listForOrder")
    List<ProductInfoOutput> listForOrder(@RequestBody List<String>
productIdList);

    @PostMapping("/product/decreaseStock")
    void decreaseStock(@RequestBody List<DecreaseStockInput>
decreaseStockInputList);

    @Component
    static class ProductClientFallback implements ProductClient {

        @Override
        public List<ProductInfoOutput> listForOrder(List<String> productIdList) {
            return null;
```

```
    }

    @Override
    public void decreaseStock(List<DecreaseStockInput> decreaseStockInputList)
    {

    }
}
```

4. order 相关依赖和代码改变

注意 order 服务这边的 order-client 和 client-common 基本没有使用。

然后看一下 order 服务这边所做的修改，首先是 pom 文件的修改，代码如下：

示例代码 15-35   pom.xml（order 微服务模块）

```xml
<?xml version="1.0" encoding="UTF-8"?>
<project xmlns="http://maven.apache.org/POM/4.0.0"
xmlns:xsi="http://www.w3.org/2001/XMLSchema-instance"
    xsi:schemaLocation="http://maven.apache.org/POM/4.0.0 http://maven.apache.org/xsd/maven-4.0.0.xsd">
    <modelVersion>4.0.0</modelVersion>

    <groupId>com.mrchi</groupId>
    <artifactId>order</artifactId>
    <version>0.0.1-SNAPSHOT</version>
    <modules>
        <module>client</module>
        <module>common</module>
        <module>server</module>
    </modules>
    <packaging>pom</packaging>

    <name>order</name>
    <description>Demo project for Spring Boot</description>

    <parent>
        <groupId>org.springframework.boot</groupId>
        <artifactId>spring-boot-starter-parent</artifactId>
        <version>2.1.3.RELEASE</version>
        <relativePath/> <!-- lookup parent from repository -->
    </parent>

    <properties>
        <java.version>1.8</java.version>
        <spring-cloud.version>Greenwich.SR1</spring-cloud.version>
```

```xml
        <product-client.version>0.0.1-SNAPSHOT</product-client.version>
        <product-common.version>0.0.1-SNAPSHOT</product-common.version>
    </properties>

    <dependencyManagement>
        <dependencies>
            <dependency>
                <groupId>org.springframework.cloud</groupId>
                <artifactId>spring-cloud-dependencies</artifactId>
                <version>${spring-cloud.version}</version>
                <type>pom</type>
                <scope>import</scope>
            </dependency>

            <!--将版本控制好-->
            <dependency>
                <groupId>com.mrchi</groupId>
                <artifactId>product-client</artifactId>
                <version>${product-client.version}</version>
            </dependency>
            <dependency>
                <groupId>com.mrchi</groupId>
                <artifactId>product-common</artifactId>
                <version>${product-common.version}</version>
            </dependency>
        </dependencies>
    </dependencyManagement>
</project>
```

我们在 order-server 中只需要修改 OrderServiceImpl：

示例代码 15-36　OrderServiceImpl.java

```java
@Service
public class OrderServiceImpl implements OrderService {

    // 这里需要注入两个 Repository

    @Autowired
    private OrderDetailRepository orderDetailRepository;
    @Autowired
    private OrderMasterRepository orderMasterRepository;

    @Autowired
    private ProductClient productClient; // 需要远程调用，注意这个是 product 中的 ProductClient，不是自己服务的

    @Override
```

```java
    public OrderDTO create(OrderDTO orderDTO) {

        /**
         *
         * 2、查询商品信息(需要调用远程服务 Feign);
         * 3、计算总价;
         * 4、扣库存(调用商品服务);
         * 5、订单入库(这个可以做)。
         */
        String orderId = KeyUtil.generateUniqueKey();

        // 2、查询商品信息(需要调用远程服务 Feign);
        List<String> productIdList = orderDTO.getOrderDetailList().stream()
                .map(OrderDetail::getProductId)
                .collect(Collectors.toList());

//        List<ProductInfo> productInfoList = productClient.listForOrder(productIdList);//需要传递 ProductId <List>
        // 改成多模块之后，上面那句变成下面这句
        List<ProductInfoOutput> productInfoList = productClient.listForOrder(productIdList);


        // 3、计算总价;
        BigDecimal orderAmount = new BigDecimal(BigInteger.ZERO);
        for(OrderDetail orderDetail : orderDTO.getOrderDetailList()){

            // 和查询到的商品的单价
//            for(ProductInfo productInfo : productInfoList){
            for(ProductInfoOutput productInfo : productInfoList){ // 改成多模块
                // 判断相等才计算
                if(productInfo.getProductId().equals(orderDetail.getProductId())){
                    // 单价 productInfo.getProductPrice()
                    // 数量 orderDetail.getProductQuantity(
                    orderAmount = productInfo.getProductPrice()
                            .multiply(new BigDecimal(orderDetail.getProductQuantity()))
                            .add(orderAmount);

                    //给订单详情赋值
                    BeanUtils.copyProperties(productInfo, orderDetail); //这种复制要注意值为 null 也会复制
                    orderDetail.setOrderId(orderId);
                    orderDetail.setDetailId(KeyUtil.generateUniqueKey()); // 每个 Detail 的 Id
```

```java
            // 订单详情入库
            orderDetailRepository.save(orderDetail);
        }
    }
}

    // 4、扣库存(调用商品服务);
//      List<CartDTO> cartDTOList = orderDTO.getOrderDetailList().stream()
//          .map(e -> new CartDTO(e.getProductId(), e.getProductQuantity()))
//          .collect(Collectors.toList());
//      productClient.decreaseStock(cartDTOList); //订单主库入库了
    // 上面是多模块之前，下面是多模块之后
    List<DecreaseStockInput> decreaseStockInputList = 
orderDTO.getOrderDetailList().stream().map(e -> new 
DecreaseStockInput(e.getProductId(), e.getProductQuantity()))
            .collect(Collectors.toList());
    productClient.decreaseStock(decreaseStockInputList);


    // 5、订单入库 (OrderMaster);
    OrderMaster orderMaster = new OrderMaster();
    orderDTO.setOrderId(orderId); // 生成唯一的订单(订单号)
    BeanUtils.copyProperties(orderDTO, orderMaster); // 将orderDTO复制到
orderMaster
    orderMaster.setOrderAmount(orderAmount); // 设置订单总金额
    orderMaster.setOrderStatus(OrderStatusEnum.NEW.getCode());
    orderMaster.setPayStatus(PayStatusEnum.WAIT.getCode());

    orderMasterRepository.save(orderMaster); //存在主仓库
    return orderDTO;
    }
}
```

但是这里的 ProductClient 已经不是在 order 服务中之前定义的 ProductClient 了，而是在 product-client 中定义的 ProductClient，这样才能做到真正的解耦，务必注意。为此，我们必须在 order-server 的主类上加上一个注解@EnableFeignClients，启动类代码如下：

示例代码 15-37　　OrderServerApplication.java

```java
@SpringBootApplication
@EnableDiscoveryClient
//@EnableFeignClients //记得加上这个
// 改成多模块之后，需要手动去扫描 product.client
@EnableFeignClients(basePackages = "com.mrchi.product.client")
public class OrderServerApplication {
```

```
public static void main(String[] args) {
    SpringApplication.run(OrderServerApplication.class, args);
}
}
```

修改这个之后，商品和订单服务的多模块改造基本就完成了。

15.6　基于 Git 仓库的分布式配置实现

在分布式系统中，每一个功能模块都能拆分成一个独立的服务，一次请求可能会调用很多个服务来协调完成。为了方便服务配置文件统一管理，易于部署、维护，因此需要分布式配置中心组件。在 Spring Cloud 中，提供了分布式配置中心组件 Spring Cloud Config，它支持配置文件放在配置服务的内存中，也支持放在远程 Git 仓库里。

目前的配置文件都是各个微服务自己内部维护，而且每次更新配置需要重启服务，故引入分布式配置，将配置文件保存到远程 Git 仓库中。

我们使用 springcloud-config 来解决这个配置文件的维护问题，简单的结构示意如图 15-13 所示。

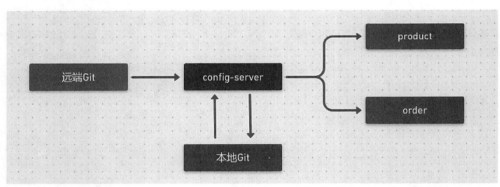

图 15-13

1. config-server 介绍和配置

我们添加一个 config 服务，记得添加相关的 pom 依赖，代码如下：

示例代码 15-38　pom.xml

```
<dependency>
    <groupId>org.springframework.cloud</groupId>
    <artifactId>spring-cloud-config-server</artifactId>
</dependency>
<dependency>
    <groupId>org.springframework.cloud</groupId>
    <artifactId>spring-cloud-starter-netflix-eureka-client</artifactId>
```

```
</dependency>
```

在主配置类上添加 config-server 的依赖：

示例代码 15-39　ConfigApplication.java

```java
@SpringBootApplication
@EnableDiscoveryClient
@EnableConfigServer // 这个就是成为一个 Config Server 的注解
public class ConfigApplication {
    public static void main(String[] args) {
        SpringApplication.run(ConfigApplication.class, args);
    }
}
```

然后，我们需要在 Git 上创建一个项目来保存 config。这里我们将订单模块 order 的配置复制一份放在 GitHub 上，并命名为 order.yml，如图 15-14 所示。

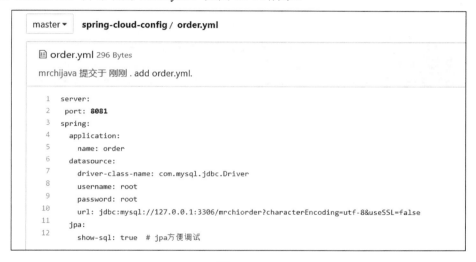

图 15-14

接下来，我们需要在 config 项目中更改配置文件，添加 URL：

示例代码 15-40　application.yml

```yml
spring:
  application:
    name: config
  cloud:
    config:
      server:
        git:
          uri: https://gitee.com/mrchijava/spring-cloud-config.git
          username: mrchijava
          password: ******
```

```
        basedir: /home/mrchijava/IDEA/mrchiorder/config/basedir/
eureka:
  client:
    service-url:
      defaultZone: http://localhost:8761/eureka/
```

启动项目并访问我们在 Git 上的配置文件，如图 15-15 所示。

图 15-15

为什么这里的配置文件需要加上一个后缀-a、-b 或者-xxx 呢，而且不加就会报错呢？
因为这个文件的格式是（下面两种都可以）：

/{name}-{profiles}.yml
/{label}/{name}-{profiles}.yml

- name：指的是服务名。
- profiles：环境。
- label：分支（branch，Git 的分支）。

我们可以增加相应的配置 order-dev.yml，如图 15-16 所示。

第 15 章　Spring Cloud 综合实战 | 239

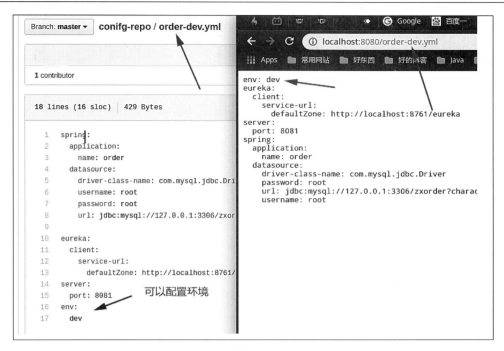

图 15-16

2. config-client(order)配置

现在在 order 模块中引入依赖：

```xml
<dependency>
    <groupId>org.springframework.cloud</groupId>
    <artifactId>spring-cloud-config-client</artifactId>
</dependency>
```

将 config-client 的配置更改一下（既然我们从 Git 上读取了配置，就不需要在项目中配置了）。注意这里启动类不要加注解了。

更改前：

```
spring:
  application:
    name: order
  datasource:
    driver-class-name: com.mysql.jdbc.Driver
    username: root
    password: root
    url: jdbc:mysql://127.0.0.1:3306/mrchiorder?characterEncoding=utf-8&useSSL=false   # 微服务可以用不同的数据库，但是这里为了方便，还是用同一个数据库

eureka:
  client:
    service-url:
```

```yaml
      defaultZone: http://localhost:8761/eureka
server:
  port: 8081
```

更改后（启用我们的配置）：

```yaml
spring:
  application:
    name: order
  cloud:
    config:
      discovery:
        enabled: true
        service-id: CONFIG
      profile: dev   # 用我们那个 order-dev，这个就是配置文件的名字
```

这样配置还不能正常启动项目，因为 Spring 不知道该先加载哪一个配置，也就是说我们本来想要先加载配置文件，然后再去 Git 加载，但是 Spring 不知道，它自己直接就去加载数据库，而我们的配置文件中没有数据库，只有 Git 的配置文件中才有数据库，所以就会报错。

解决方案是：将 order-server 的配置文件的名字由 application.yml 改成 bootstrap.yml。

这里引申出一个问题，如果我们的 Eureka 端口不是 8761，会有问题吗？

我们将 Eureka 的地址改成 8762，重启 order 服务后发现会报错，于是我们最终将那个配置 order 的 Eureka 地址放到了 order 内部，bootstrap.yml 配置文件如下：

示例代码 15-41   bootstrap.yml

```yaml
spring:
  application:
    name: order
  cloud:
    config:
      discovery:
        enabled: true
        service-id: CONFIG
      profile: test   # 用我们那个 order-dev，这个就是配置文件名字
# 这里后来需要拿出来，就是更改了 Eureka(8761~8762)之后需要这样
eureka:
  client:
    service-url:
      defaultZone: http://localhost:8762/eureka
```

然后还要注意 spring-cloud 的配置会有一个互补配置的问题，如图 15-17 所示。

图 15-17

3. Spring Cloud Bus 自动刷新配置

上面配置了一大堆文件，但还是没有实现这个目的：不需要重启项目就能更新配置。因为我们需要用到 Spring Cloud Bus 和消息队列 RabbitMQ，如图 15-18 所示。

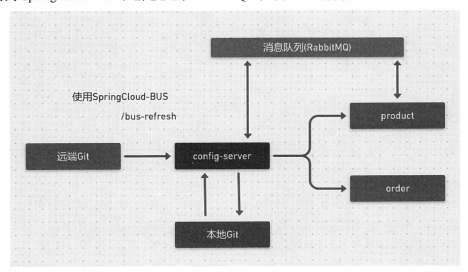

图 15-18

先使用 Docker 安装 RabbitMQ：

```
docker run -d --hostname my-rabbitmq -p 5672:5672 -p 15672:15672 rabbitmq:3.7.13-management
```

然后在 config 项目和 order 项目中引入相关依赖：

```
<!--引入Spring Cloud Bus这个组件-->
```

```xml
<dependency>
    <groupId>org.springframework.cloud</groupId>
    <artifactId>spring-cloud-starter-bus-amqp</artifactId>
</dependency>
```

这里的 RabbitMQ 不需要任何的配置，只需要启动即可，Spring Cloud 已经完成了自动配置。

我们在 config 目录的配置文件下更新配置，对外界暴露端口，代码如下：

示例代码 15-42　application.yml

```yaml
spring:
  application:
    name: config
  cloud:
    config:
      server:
        git:
          uri: https://gitee.com/mrchijava/spring-cloud-config.git
          username: Mrchijava
          password: ******
          basedir: /home/zxzxin/IDEA/mrchiorder/config/basedir/
eureka:
  client:
    service-url:
      defaultZone: http://localhost:8762/eureka/
management:
  endpoints:
    web:
      exposure:
        include: "*"
#management:
#  endpoints:
#    web:
#      exposure:
#        include: "*"
```

且在 GitHub 上的配置文件的属性，我们在对应的访问属性的 Controller 上要加上 @RefreshScope 注解，否则就不会自动刷新。

示例代码 15-43　EnvTestController.java（order 模块的 server 子模块）

```java
@RestController
@RequestMapping("/env")
@RefreshScope
public class EnvTestController {

    @Value("${env}")
    public String env;
```

```
    @GetMapping("/print")
    public String print(){
        return env;
    }
}
```

15.7 订单流程引入异步消息队列

客户端请求不会阻塞进程，服务端的响应可以是非即时的。也就是说，如果服务端的响应是异步的，客户端就会理所当然地认为：响应不会被立即接收。

异步的常见形态如下：

- 通知：单向请求。
- 请求/异步响应：客户端发送请求到服务端，服务端异步响应请求，客户端不会阻塞，而且被设计成默认响应不会被立刻送达。
- 消息：可以实现一对多形态的交互，比如发布订阅模式。

MQ 应用场景如下：

- 异步处理。
- 流量削峰。如果消息队列长度超过最大数量，就应该直接抛弃用户请求。
- 日志处理。
- 应用解耦。

1. RabbitMQ 简单用法实战

在 order 模块中引入依赖：

```xml
<!--引入RabbitMQ-->
<dependency>
    <groupId>org.springframework.boot</groupId>
    <artifactId>spring-boot-starter-amqp</artifactId>
</dependency>
```

在 order 模块的 bootstrap.yml 配置文件中添加 RabbitMQ 配置（这里还是放在 GitHub 上的配置）：

示例代码 15-44　bootstrap.yml

```yaml
spring:
  application:
    name: order
  datasource:
    driver-class-name: com.mysql.jdbc.Driver
    username: root
    password: root
```

```yaml
    url: jdbc:mysql://127.0.0.1:3306/mrchiorder?characterEncoding=utf-8&useSSL=false  # 微服务可以用不同的数据库，但是这里为了方便，还是用同一个数据库
  rabbitmq:
    host: localhost
    port: 5672
    username: guest
    password: guest
server:
  port: 8081
env:
  test
```

接下来简单测试一下 MQ。在 message 包下面写一个消息接收类：

示例代码 15-45　MQReceiver.java

```java
@Slf4j
@Component
public class MQReceiver {
    @RabbitListener(queues = "myQueue")
    public void process(String message){
        log.info("MqReceiver: {}", message);
    }
}
```

在 RabbitMQ 的控制面板上加上对应的消息队列 myQueue，如图 15-19 所示。

图 15-19

编写一个测试程序：

示例代码 15-46　MQReceiverTest.java

```java
@RunWith(SpringRunner.class)
@SpringBootTest
public class MQReceiverTest {

    @Autowired
    private AmqpTemplate amqpTemplate;

    @Test
    public void process() throws Exception {
        amqpTemplate.convertAndSend("myQueue", "now" + new Date());
    }
}
```

向消息队列发送消息。

结果在控制台打印出我们发送的消息，如图 15-20 所示。

图 15-20

另一种方法是可以绑定一个 Exchange，且实现一个 Exchange 绑定多个 Queue，如图 15-21 所示。

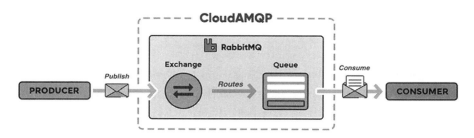

图 15-21

在 MQReceiver 中的实现代码：

示例代码 15-47　MQReceiverTest.java（完整代码）

```java
/**
 * 虽然上面只用到了一个，但是实际可能需要一个队列对应多个服务，比如下面两个服务演示
 * myOrder 这一个消息队列，对应两个 Exchange，也就是两个服务
 * 比如数码供应商、水果供应商
 */
```

```
@RabbitListener(bindings = @QueueBinding(
    exchange = @Exchange("myOrder"),
    value = @Queue("myOrderQueue"),
    key = "computer" // 路由 key,这个就是 Exchange 和 Queue 之间的绑定关系
))
public void processComputer(String message){
    log.info("computer MqReceiver: {}", message);
}

/**
 * 虽然上面只用到了一个服务,但是实际可能需要多个服务
 * 比如数码供应商、水果供应商等
 */
@RabbitListener(bindings = @QueueBinding(
    exchange = @Exchange("myOrder"),
    value = @Queue("myFruitQueue"),
    key = "fruit" // 路由 key,这个就是 Exchange 和 Queue 之间的绑定关系
))
public void processFruit(String message){
    log.info("fruit MqReceiver: {}", message);
}
```

测试的是我们要指定的 exchange、routingKey 以及要发送的消息 message:

```
// 订单服务下单之后要发送消息
@Test
public void sendOrder() throws Exception {
    // exchange, routingKey, message
    amqpTemplate.convertAndSend("myOrder","computer", "now" + new Date());
}
```

2. Spring Cloud Stream 的使用

使用 Spring Cloud Stream 的原因:比方说我们用到了 RabbitMQ 和 Kafka,由于这两个消息中间件架构的不同,如 RabbitMQ 有 exchange,Kafka 有 Topic、partitions 分区,这些中间件的差异给我们实际项目开发造成了一定的困扰,如果我们用了两个消息队列的其中一种,而后面的业务需求中发现,需要往另外一种消息队列进行迁移,这时候无疑就是一个灾难,一大堆东西都要重新推倒、重新做,因为它跟我们的系统耦合了,针对这种情况 Spring Cloud Stream 给我们提供了一种解耦合的方式,如图 15-22 所示。

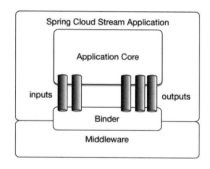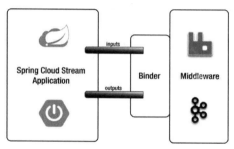

图 15-22

Spring Cloud Stream 由一个中间件中立的核组成。应用通过 Spring Cloud Stream 插入的 input（相当于消费者 consumer，它是从队列中接收消息的）和 output（相当于生产者 producer，它是从队列中发送消息的）通道与外界交流。

通道通过指定中间件的 Binder 实现与外部代理连接。业务开发者不再关注具体消息中间件，只需关注 Binder 对应用程序提供的抽象概念，来使用消息中间件实现业务即可。

在 order 项目中引入依赖：

示例代码 15-48　　pom.xml（order 模块中新增部分）

```xml
<!--引入Spring Cloud Stream-->
<dependency>
    <groupId>org.springframework.cloud</groupId>
    <artifactId>spring-cloud-starter-stream-rabbit</artifactId>
</dependency>
```

定义一个接口 StreamClient。

再编写这个 StreamClient 接口，定义输入 inputs 和输出 outputs：

示例代码 15-49　　StreamClient.java

```java
/**
 * 使用Spring Cloud定义的接口
 */
public interface StreamClient {

    String INPUT = "myMessage";

    String INPUT2 = "myMessage2";

    @Input(StreamClient.INPUT)
    SubscribableChannel input();

    @Output(StreamClient.INPUT2)
    MessageChannel output();
}
```

同样，我们可以写一个与 MQ 类似的接收消息的类：

示例代码 15-50　　StreamReceiver.java

```java
@Component
@EnableBinding(StreamClient.class)
@Slf4j
public class StreamReceiver {

    @StreamListener(value = StreamClient.INPUT)
    @SendTo(StreamClient.INPUT2)
    public String process(OrderDTO message) {
        log.info("StreamReceiver: {}", message);
        return "received.";
    }

    @StreamListener(value = StreamClient.INPUT2)
    public void process2(String message) {
        log.info("StreamReceiver2: {}", message);
    }
}
```

测试类代码如下：

示例代码 15-51　　StreamReceiverTest.java

```java
@RunWith(SpringRunner.class)
@SpringBootTest
public class StreamReceiverTest {

    @Autowired
    private StreamClient streamClient;

    @Test
    public void process() throws Exception {
        String message = "now " + new Date();
        // 发送消息
        streamClient.output().send(MessageBuilder.withPayload(message).build());
    }
}
```

但是，上面的程序存在一个问题，就是当我们启动多个实例的时候，消息会发送到不同的实例，所以我们要在配置文件中建立一个分组（也就是让两个实例只接收到一个消息）。

同时，因为在管理界面的 getMessage 中显示的是加密后的字符串，为了能看到对应的 JSON 字符串，配置文件修改如下：

示例代码 15-52　　application.yml

```yaml
spring:
```

```yaml
application:
  name: order
cloud:
  config:
    discovery:
      enabled: true
      service-id: CONFIG
    profile: test  # 用我们那个 order-dev，这个就是配置文件名字
  stream:  # 建立 Spring Cloud Stream 的分组
    bindings:
      myMessage:
        group: order
        content-type: application/json  # 界面能看到 JSON
# 这里后来需要拿出来，就是更改了 Eureka(8761~8762)之后需要这样
eureka:
  client:
    service-url:
      defaultZone: http://localhost:8762/eureka
```

3. 将消息队列应用到订单服务

应用到订单服务，感知库存变化如图 15-23 所示。

图 15-23

将 product 接入到配置中心，在 product 中加入 config-client 依赖：

示例代码 15-53　pom.xml（product 模块 pom.xml 新增）

```xml
<dependency>
    <groupId>org.springframework.cloud</groupId>
    <artifactId>spring-cloud-config-client</artifactId>
</dependency>
```

同时把 application.yml 也改成 bootstrap.yml，并将多余的配置放在 GitHub 上：

示例代码 15-54　boostrap.yml（product 模块，原来叫 application.yml）

```yaml
spring:
  application:
    name: product
  cloud:
    config:
```

```yaml
    discovery:
      enabled: true
      service-id: CONFIG
    profile: test
eureka:
  client:
    service-url:
      defaultZone: http://localhost:8762/eureka
server:
  port: 8082
```

product-test.yml 配置文件如图 15-24 所示。

图 15-24

然后在 product 服务中发送扣库存的消息。先引入 AMQP 依赖：

```xml
<dependency>
    <groupId>org.springframework.boot</groupId>
    <artifactId>spring-boot-starter-amqp</artifactId>
</dependency>
```

在 product 服务这边的 ProductServiceImpl.java 中加入消息发送逻辑代码。注意这里加入了发送 MQ 消息的代码（需要注入 AmqpTemplate）。

MQ 消息发送：注意要在外面发送（发送一个 List），不能在里面一件一件地发送，否则会产生问题。例如，第二件商品库存不够扣了，如果第一件商品消息已经发送，就会产生错误（中间可能抛出异常）。

所以要对整个购物车处理完成之后，再发送 MQ 消息。具体代码如下：

示例代码 15-55　ProductServiceImpl.java

```java
@Service
public class ProductServiceImpl implements ProductService{
```

```java
    // DAO 层注入到 Service 层
    @Autowired
    private ProductInfoRepository productInfoRepository;

    @Override
    public List<ProductInfo> findUpAll() {
        return productInfoRepository.findByProductStatus(ProductStatusEnum.UP.getCode()); // 枚举, 在架的状态
    }

    //发送 MQ 消息
    @Autowired
    private AmqpTemplate amqpTemplate;

    // 后来加的, 再后来改成了多模块
    @Override
    public List<ProductInfoOutput> findList(List<String> productIdList) {
        // 改写之前的代码
//return productInfoRepository.findByProductIdIn(productIdList);
        // 多模块之后的, 将 List<ProductInfo>转换成 ProductInfoOutput
        return productInfoRepository.findByProductIdIn(productIdList).stream()
                .map(e -> {
                    ProductInfoOutput output = new ProductInfoOutput();
                    BeanUtils.copyProperties(e, output);
                    return output;
                })
                .collect(Collectors.toList());
    }

    // 后来加的, 扣库存的
    @Override
    public void decreaseStock(List<DecreaseStockInput> decreaseStockInputList) {

        List<ProductInfo> productInfoList = decreaseStockProcess(decreaseStockInputList);

        //发送 MQ 消息
        List<ProductInfoOutput> productInfoOutputList = productInfoList.stream().map(e -> {
            ProductInfoOutput output = new ProductInfoOutput();
            BeanUtils.copyProperties(e, output);
            return output;
        }).collect(Collectors.toList());

        //注意要在外面发送(发送一个 List), 不能在里面一件一件发送, 不然会产生问题, 如果第一件
```

商品消息已经发送
```java
        // 发送 MQ 消息
        amqpTemplate.convertAndSend("productInfo",
JsonUtil.toJson(productInfoOutputList));

    }


    @Transactional
    public List<ProductInfo> decreaseStockProcess(List<DecreaseStockInput>
decreaseStockInputList) {
        List<ProductInfo> productInfoList = new ArrayList<>();

        for (DecreaseStockInput decreaseStockInput: decreaseStockInputList) {
            Optional<ProductInfo> productInfoOptional =
productInfoRepository.findById(decreaseStockInput.getProductId());
            //判断商品是否存在
            if (!productInfoOptional.isPresent()){
                throw new ProductException(ResultEnum.PRODUCT_NOT_EXIST);
            }

            ProductInfo productInfo = productInfoOptional.get();
            //库存是否足够
            Integer result = productInfo.getProductStock() -
decreaseStockInput.getProductQuantity();
            if (result < 0) {
                throw new ProductException(ResultEnum.PRODUCT_STOCK_ERROR);
            }

            productInfo.setProductStock(result);
            productInfoRepository.save(productInfo);

            productInfoList.add(productInfo);
        }
        return productInfoList;
    }
}
```

上面可以给消息队列发送消息了，接下来再看订单服务这边的 order。

创建一个 ProductInfoReceiver.java 用来接收消息，代码如下：

示例代码 15-56　ProductInfoReceiver.java

```java
@Component
@Slf4j
public class ProductInfoReceiver {
```

```java
        // 从MQ中拿到的是一个对象，放到Redis中的要存那么多，就存库存的
        private static final String PRODUCT_STOCK_TEMPLATE = "product_stock_%s";

    //引入操作Redis的组件
    @Autowired
    private StringRedisTemplate stringRedisTemplate;

    //接收MQ消息
    @RabbitListener(queuesToDeclare = @Queue("productInfo")) // productInfo是创建的队列
    public void process(String message) {

        //message => ProductInfoOutput，将接收到的消息转换成ProductInfoOutput，然后存储到Redis中
        List<ProductInfoOutput> productInfoOutputList = (
                List<ProductInfoOutput>) JsonUtil.fromJson(message,
                new TypeReference<List<ProductInfoOutput>>() {});

        log.info("从队列【{}】接收到消息：{}", "productInfo", productInfoOutputList);

        //存储到Redis中
        for (ProductInfoOutput productInfoOutput : productInfoOutputList) {
            stringRedisTemplate.opsForValue().set(
                    String.format(PRODUCT_STOCK_TEMPLATE,
productInfoOutput.getProductId()),
                    String.valueOf(productInfoOutput.getProductStock()));
        }
    }
}
```

引入Redis：

```xml
<!--引入redis-->
<dependency>
    <groupId>org.springframework.boot</groupId>
    <artifactId>spring-boot-starter-data-redis</artifactId>
</dependency>
```

在GitHub中增加Redis的配置，如图15-25所示。

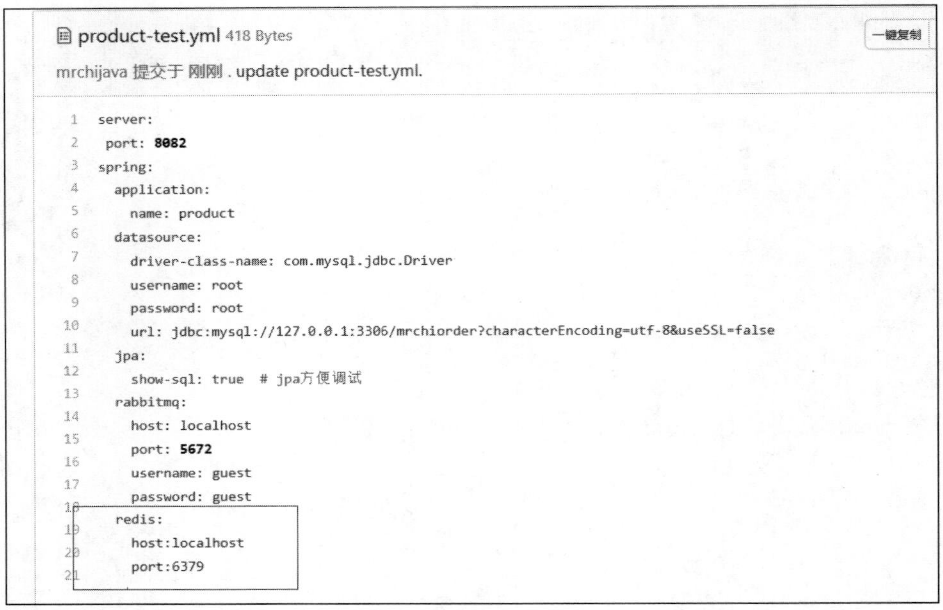

图 15-25

最后利用 Postman 来测试访问一下。

结果正确，如图 15-26 所示。

图 15-26

再查看 Redis 数据库和 MySQL 数据库的变化，如图 15-27 所示。

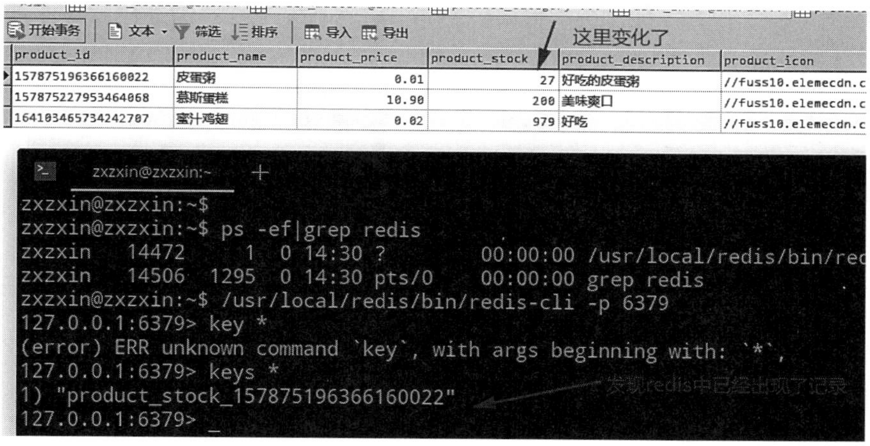

图 15-27

查看 MQ 消息，如图 15-28 所示。

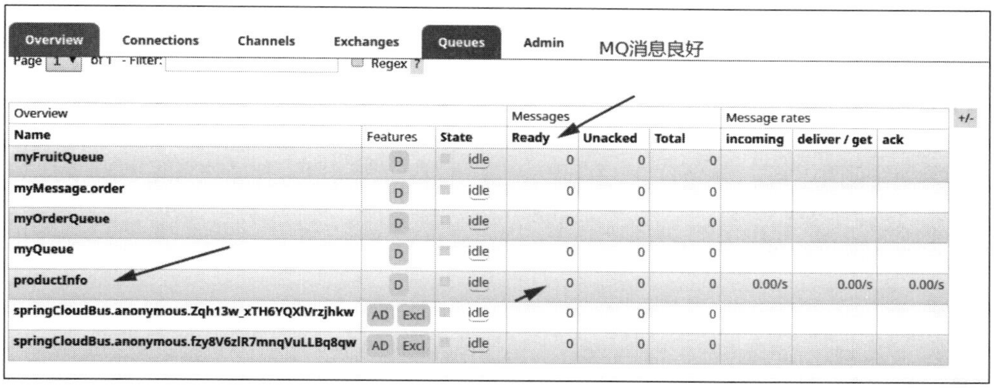

图 15-28

4. 原始流程总结和异步扣库存分析

order 服务原始流程如下：

（1）查询商品信息（调用商品服务）。
（2）计算总价（生成订单详情）。
（3）商品服务扣库存（调用商品服务）。
（4）订单入库（生成订单）。

我们可以将第 4 步，也就是订单入库改成异步的。当订单入库没有成功的时候，就重试等待，如图 15-29 所示。

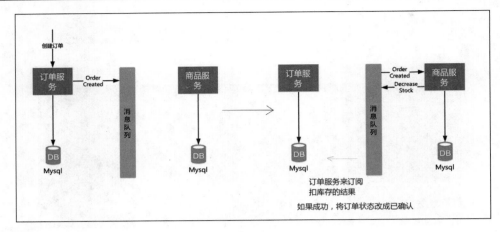

图 15-29

15.8　项目引入服务网关实现限流、权限验证

1. 网关和 Zuul 介绍

当前模块的问题：当前有很多微服务，那么客户端要怎么调用这些微服务呢？逐个打交道吗？显然不太好。于是需要一个角色来充当 Request 请求的统一入口，这就是服务网关。

带服务网关的微服务架构如图 15-30 所示。

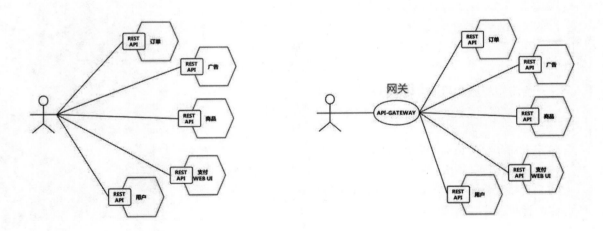

图 15-30

相当于：服务网关=路由转发+过滤器。
服务网关具有如下特点：

- 稳定性，高可用。
- 高性能，并发性，安全性。

- 扩展性。
- 智能路由：接收外部一切请求，并转发到后端的对外服务 open-service 上去。
- 权限校验：只校验用户向 open-service 服务的请求，不校验服务内部的请求。
- API 监控：只监控经过网关的请求，以及网关本身的一些性能指标（例如，GC）。
- 限流：与监控配合，进行限流操作。

带 Zuul 网关的微服务架构如图 15-31 所示。

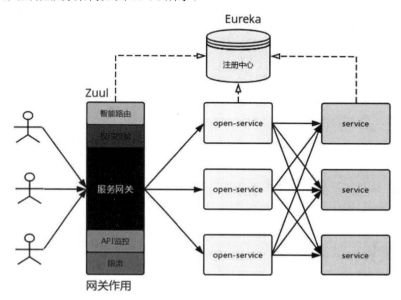

图 15-31

Zuul 中常见的 4 种过滤器 API 如下：

- 前置 pre。
- 路由 route。
- 后置 post。
- 错误 error。

Zuul 中这 4 种过滤器从请求到达到返回响应的执行流程如图 15-32 所示。

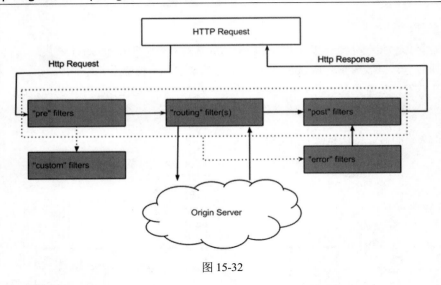

图 15-32

2. 基本配置服务网关

本项目是 api-gateway,此项目需要引入 pom.xml:

```xml
<dependency>
    <groupId>org.springframework.cloud</groupId>
    <artifactId>spring-cloud-starter-netflix-zuul</artifactId>
</dependency>
```

bootstrap.yml 配置:

示例代码 15-57　bootstrap.yml

```yml
spring:
  application:
    name: api-gateway
  cloud:
    config:
      discovery:
        enabled: true
        service-id: CONFIG
      profile: test    # 用我们那个 order-dev,这个就是配置文件名字

# 这里后来需要拿出来,简单说就是更改了 Eureka(8761~8762)之后需要这样
eureka:
  client:
    service-url:
      defaultZone: http://localhost:8762/eureka

server:
  port: 9000
```

在主配置类上添加@EnableZuulProxy：

示例代码 15-58　ApiGatewayApplication.java

```
@SpringBootApplication
@EnableDiscoveryClient
@EnableZuulProxy
public class ApiGatewayApplication {

    public static void main(String[] args) {
        SpringApplication.run(ApiGatewayApplication.class, args);
    }
}
```

默认不需要配置就可以访问。

我们可以在配置文件中自定义配置，然后再放到 GitHub 上，如图 15-33 所示。

图 15-33

这里还配置了一些请求参数。比如，可以通过 ignored-patterns 来设置忽略某些 URL；再比如，默认我们获取不到 cookie，但是可以配置 sensitiveHeaders 参数从而获取到 cookie。

我们还可以在主配置类上加上自动配置刷新组件：

示例代码 15-59　ApiGatewayApplication.java（自动刷新配置）

```
@SpringBootApplication
@EnableDiscoveryClient
@EnableZuulProxy
public class ApiGatewayApplication {

    public static void main(String[] args) {
        SpringApplication.run(ApiGatewayApplication.class, args);
    }

    @ConfigurationProperties("zuul")
```

```
    @RefreshScope
    public ZuulProperties zuulProperties(){
        return new ZuulProperties();
    }
}
```

3. 限流

使用经典令牌限流规则如图 15-34 所示。

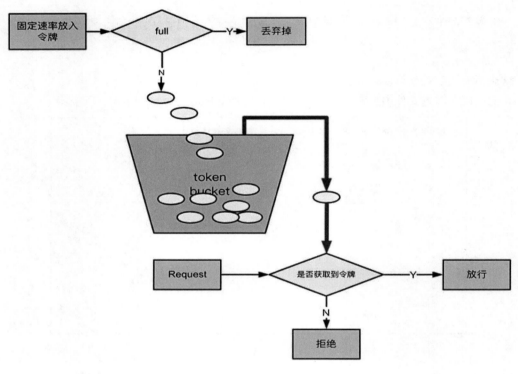

图 15-34

在 apt-gateway 中添加过滤器：

示例代码 15-60　RateLimitFilter.java

```java
/**
 * Zuul 过滤器实现限流
 * 使用 Google 实现的令牌过滤原则
 */
@Component
public class RateLimitFilter extends ZuulFilter{

    private static final RateLimiter RATE_LIMITER = RateLimiter.create(100);

    /**
```

```java
     * to classify a filter by type. Standard types in Zuul are "pre" for pre-routing filtering,
     * "route" for routing to an origin, "post" for post-routing filters, "error" for error handling.
     * We also support a "static" type for static responses see  StaticResponseFilter.
     * Any filterType made be created or added and run by calling FilterProcessor.runFilters(type)
     *
     * @return A String representing that type
     */
    @Override
    public String filterType() {
        return PRE_TYPE;
    }

    /**
     * filterOrder() must also be defined for a filter. Filters may have the same filterOrder if precedence is not
     * important for a filter. filterOrders do not need to be sequential.
     *
     * @return the int order of a filter
     */
    @Override
    public int filterOrder() {
        return SERVLET_DETECTION_FILTER_ORDER - 1;
    }

    /**
     * a "true" return from this method means that the run() method should be invoked
     *
     * @return true if the run() method should be invoked. false will not invoke the run() method
     */
    @Override
    public boolean shouldFilter() {
        return true;
    }

    /**
     * if shouldFilter() is true, this method will be invoked. this method is the core method of a ZuulFilter
     *
     * @return Some arbitrary artifact may be returned. Current implementation ignores it.
     */
    @Override
```

```
public Object run() {
    if (!RATE_LIMITER.tryAcquire()) {
        throw new RateLimitException();
    }
    return null;
}
}
```

4. 实现买家和卖家访问权限前的工作：添加 user 服务

接下来实现对买家和卖家的访问权限设置：

- /order/create：只能买家访问。
- /order/finish：只能卖家访问。
- /product/list：都可以访问。

怎么样才能区分买家和卖家呢？可以通过 Cookie，他们必须登录之后才能获取信息，所以需要添加一个新的服务：user 服务。先给出登录 API：

（1）买家登录

```
GET /login/buyer

参数:openid: abc

返回 ookie 里设置 openid=abc

{
    code: 0,
    msg: "成功",
    data: null
}
```

（2）卖家登录

```
GET /login/seller
参数:openid: xyz
返回:cookie 里设置 token=UUID, redis 设置 key=UUID, value=xyz

{
    code: 0,
    msg: "成功",
    data: null
}
```

于是我们来创建用户模块，模块创建向导如图 15-35 所示（也是多模块服务）。

图 15-35

在 user 服务中，也是使用 boostrap.yml 和 GitHub 标准配置文件：

示例代码 15-61　bootstrap.yml（user 模块下的配置文件）

```yaml
spring:
  application:
    name: user
  cloud:
    config:
      discovery:
        enabled: true
        service-id: CONFIG
      profile: test   # 用我们那个 order-dev，这个就是配置文件名字

# 这里后来需要拿出来，简单说就是更改了 Eureka(8761~8762)之后需要这样
eureka:
  client:
    service-url:
      defaultZone: http://localhost:8762/eureka
server:
  port: 8083
```

相关业务代码（实现通过 openid 来查询 UserInfo）介绍如下。

DAO 部分代码如下：

示例代码 15-62　UserInfoRepository.java

```java
public interface UserInfoRepository extends JpaRepository<UserInfo, String>{
    UserInfo findByOpenid(String openid);
}
```

Service 参考代码：

示例代码 15-63　UserService.java

```java
public interface UserService {
    /**
     * 通过 openid 来查询用户信息
     * @param openid
     * @return
     */
    UserInfo findByOpenid(String openid);
```

```java
}

@Service
public class UserServiceImpl implements UserService {

    @Autowired
    private UserInfoRepository repository;

    /**
     * 通过 openid 来查询用户信息
     * @param openid
     * @return
     */
    @Override
    public UserInfo findByOpenid(String openid) {
        return repository.findByOpenid(openid);
    }
}
```

然后编写 Controller,注意:

- 这里要完成买家和卖家的登录。
- 需要验证是否已经注册,这里就直接模拟只有买卖两个用户的情况。
- 然后需要验证角色。
- 在卖家端,需要在 Redis 中设置 key=UUID、value=xyz。

编写的 Controller 代码如下:

示例代码 15-64　LoginController.java

```java
@RestController
@RequestMapping("/login")
public class LoginController {

    @Autowired
    private UserService userService;

    @Autowired
    private StringRedisTemplate stringRedisTemplate;

    /**
     * 买家登录
     * @param openid
     * @param response
     * @return
     */
    @GetMapping("/buyer")
    public ResultVO buyer(@RequestParam("openid") String openid,
                          HttpServletResponse response) {
        //1. openid 和数据库里的数据是否匹配
        // 从数据库中取出来
        UserInfo userInfo = userService.findByOpenid(openid);

        if (userInfo == null) { // 登录失败,没有注册
```

```java
        return ResultVOUtil.error(ResultEnum.LOGIN_FAIL);
    }

    //2.判断角色，是不是买家
    if (RoleEnum.BUYER.getCode() != userInfo.getRole()) {
        return ResultVOUtil.error(ResultEnum.ROLE_ERROR);
    }

    //3.Cookie里设置openid=abc
    CookieUtil.set(response, CookieConstant.OPENID, openid, CookieConstant.expire);

    return ResultVOUtil.success();
}

@GetMapping("/seller")
public ResultVO seller(@RequestParam("openid") String openid,
                       HttpServletRequest request,
                       HttpServletResponse response) {
    //判断是否已登录，防止产生多个重复的uuid
    Cookie cookie = CookieUtil.get(request, CookieConstant.TOKEN);
    if (cookie != null &&
            !StringUtils.isEmpty(stringRedisTemplate.opsForValue().get(
                    String.format(RedisConstant.TOKEN_TEMPLATE, cookie.getValue())))) {
        return ResultVOUtil.success();
    }

    //1. openid和数据库里的数据是否匹配
    UserInfo userInfo = userService.findByOpenid(openid);
    if (userInfo == null) {
        return ResultVOUtil.error(ResultEnum.LOGIN_FAIL);
    }

    //2.判断角色，是不是卖家
    if (RoleEnum.SELLER.getCode() != userInfo.getRole()) {
        return ResultVOUtil.error(ResultEnum.ROLE_ERROR);
    }

    //3.Redis设置key=UUID、value=xyz
    String token = UUID.randomUUID().toString();

    stringRedisTemplate.opsForValue().set(
            String.format(RedisConstant.TOKEN_TEMPLATE, token),
            openid,
            CookieConstant.expire,
            TimeUnit.SECONDS);

    //4.Cookie里设置token=UUID
    CookieUtil.set(response, CookieConstant.TOKEN, token, CookieConstant.expire);

    return ResultVOUtil.success();
    }
}
```

其他相关代码如 enum、vo、dataobject、constant、util 可参看配套的代码。

接下来就要实现 Zuul 的权限校验了。

我们先要在 order 中实现订单的完结，在 Service 中添加 finish() 方法：

示例代码 15-65　　OrderService.java

```java
public interface OrderService {

    // 这个就是创建订单
    OrderDTO create(OrderDTO orderDTO);

    // 完结订单(只能卖家操作)
    OrderDTO finish(String orderId);
}
```

在 OrderServiceImpl 中增加实现：

```java
// 完结订单
@Override
@Transactional
public OrderDTO finish(String orderId) {

    // 1、先查询订单
    Optional<OrderMaster> orderMasterOptional =
orderMasterRepository.findById(orderId);
    if(!orderMasterOptional.isPresent()){
        throw new OrderException(ResultEnum.ORDER_NOT_EXIST);
    }

    // 2、判断订单状态 (并不是所有订单都可以定为完结)
    OrderMaster orderMaster = orderMasterOptional.get();
    if (OrderStatusEnum.NEW.getCode() != orderMaster.getOrderStatus()) {
        throw new OrderException(ResultEnum.ORDER_STATUS_ERROR);
    }

    //3、 修改订单状态为完结
    orderMaster.setOrderStatus(OrderStatusEnum.FINISHED.getCode());
    orderMasterRepository.save(orderMaster);

    //查询订单详情，为了返回 orderDTO
    List<OrderDetail> orderDetailList =
orderDetailRepository.findByOrderId(orderId);
    if (CollectionUtils.isEmpty(orderDetailList)) {
        throw new OrderException(ResultEnum.ORDER_DETAIL_NOT_EXIST);
    }
    OrderDTO orderDTO = new OrderDTO();
    BeanUtils.copyProperties(orderMaster, orderDTO);
    orderDTO.setOrderDetailList(orderDetailList);

    return orderDTO;
}
```

在 OrderController 中增加 finish 方法：

示例代码 15-66　OrderController.java（新增部分代码）

```java
/**
 * 完结订单
 * @param orderId
 * @return
 */
@PostMapping("/finish")
public ResultVO<OrderDTO> finish(@RequestParam("orderId")String orderId){
    return ResultVOUtil.success(orderService.finish(orderId));
}
```

测试效果如图 15-36 所示。

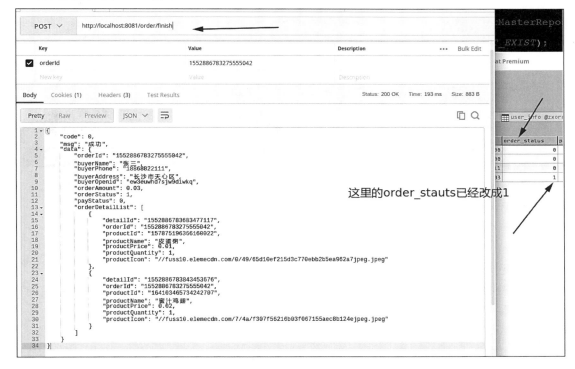

图 15-36

再提交一次就会出现错误，因为已经不是新订单了。

5. 对买家和卖家进行权限校验

买家特征：/order/create 只能买家访问（Cookie 里面有 openid）。

卖家特征：/order/finish 只能卖家访问（Cookie 里面有 token，Redis 里面有值）。

上面括号里面的两个内容都是我们在 user 服务中已经设定好了的。

要实现只能买家访问或者只能卖家访问，需要联系到 Cookie，这里先看一个问题，我们访问的时候，居然发现浏览器的 Cookie 没有值，这是为什么呢？因为网关那个敏感属性屏蔽掉了 Cookie。

因此，我们需要在网关配置中设置 Cookie 敏感属性，这里设置还是放在 GitHub，修改其 sensitive

属性如图 15-37 所示。

```
12 lines (11 sloc) | 470 Bytes

zuul:
  #全部服务忽略敏感头(全部服务都可以传递cookie)
  sensitive-headers:
  routes:
    aaaaa:   # 映射 /myProduct/product/list -> /product/product/list
      path: /myProduct/**
      serviceId: product
      sensitiveHeaders:    # 配成空，意思就是所有的请求信息服务端都可以拿到，包括cookie
#     product: /myProduct/**  # 简洁写法
  ignored-patterns: # 排除某些路由 : 不能访问
    - /**/product/listForOrder
```

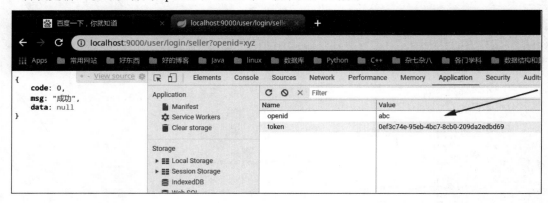

图 15-37

再次更新，就可以看到 openid 和 token 了，如图 15-38 所示。

图 15-38

api-gateway 模块下添加权限校验：

示例代码 15-67 AuthBuyerFilter.java

```
/**
 * 权限拦截
 * 区分买家和卖家
 */
public class AuthBuyerFilter extends ZuulFilter {

   @Autowired
   private StringRedisTemplate stringRedisTemplate;

   @Override
   public String filterType() {
```

```java
        return PRE_TYPE;
    }

    @Override
    public int filterOrder() {
        return PRE_DECORATION_FILTER_ORDER - 1;
    }

    @Override
    public boolean shouldFilter() {

        RequestContext requestContext = RequestContext.getCurrentContext();
        HttpServletRequest request = requestContext.getRequest();

        // 是否拦截
        if ("/order/order/create".equals(request.getRequestURI())) {
            return true;
        }
        return false;
    }

    @Override
    public Object run() throws ZuulException {
        RequestContext requestContext = RequestContext.getCurrentContext();
        HttpServletRequest request = requestContext.getRequest();

        /**
         * /order/create 只能买家访问(Cookie 里有 openid)
         * /order/finish 只能卖家访问(Cookie 里有 token，并且对应的 Redis 中的值)
         * /product/list 都可以访问
         */

        // 买家拦截
        Cookie cookie = CookieUtil.get(request, "openid");
        if (cookie == null || StringUtils.isEmpty(cookie.getValue())) {
            requestContext.setSendZuulResponse(false);
            requestContext.setResponseStatusCode(HttpStatus.UNAUTHORIZED.value());
        }

        return null;
    }
}
```

根据是买家或是卖家对权限进行拦截，代码如下：

示例代码 15-68　AuthSellerFilter.java

```java
/**
 * 权限拦截
 * 区分买家和卖家
 */
public class AuthSellerFilter extends ZuulFilter {

    @Autowired
    private StringRedisTemplate stringRedisTemplate;

    @Override
    public String filterType() {
        return PRE_TYPE;
    }

    @Override
    public int filterOrder() {
        return PRE_DECORATION_FILTER_ORDER - 1;
    }
    @Override
    public boolean shouldFilter() {
        RequestContext requestContext = RequestContext.getCurrentContext();
        HttpServletRequest request = requestContext.getRequest();

        if ("/order/order/finish".equals(request.getRequestURI())) {
            return true;
        }
        return false;
    }

    @Override
    public Object run() throws ZuulException {
        RequestContext requestContext = RequestContext.getCurrentContext();
        HttpServletRequest request = requestContext.getRequest();

        /**
         * /order/create 只能买家访问(Cookie 里有 openid)
         * /order/finish 只能卖家访问(Cookie 里有 token，并且对应的 Redis 中的值)
         * /product/list 都可以访问
         */

        // 卖家
        Cookie cookie = CookieUtil.get(request, "token");
        if (cookie == null
                || StringUtils.isEmpty(cookie.getValue())
                || StringUtils.isEmpty(stringRedisTemplate.opsForValue().get(
```